板栗栽培技术百问百答

◎ 兰彦平 主编

中国农业科学技术出版社

图书在版编目(CIP)数据

板栗栽培技术百问百答／兰彦平主编．--北京：中国农业科学技术出版社，2024.10．--ISBN 978-7-5116-7158-5

Ⅰ.S664.2-44

中国国家版本馆 CIP 数据核字第 2024XS1091 号

责任编辑	姚　欢
责任校对	王　彦
责任印制	姜义伟　王思文

出 版 者	中国农业科学技术出版社
	北京市中关村南大街 12 号　邮编：100081
电　　话	（010）82106631（编辑室）　（010）82106624（发行部）
	（010）82109709（读者服务部）
网　　址	https://castp.caas.cn
经 销 者	各地新华书店
印 刷 者	北京建宏印刷有限公司
开　　本	148 mm×210 mm　1/32
印　　张	3.5
字　　数	100 千字
版　　次	2024 年 10 月第 1 版　2024 年 10 月第 1 次印刷
定　　价	30.00 元

◆ 版权所有·翻印必究 ▶

《板栗栽培技术百问百答》
参加编写人员
（以姓氏笔画为序）

兰彦平　孙玮玮　李思鹏
胡广隆　韩　超　程运河
程丽莉

前　　言

板栗（*Castanea mollissima* Blume）是壳斗科栗属落叶乔木，其栽培历史记载最早见于《诗经》一书，说明我国栽培栗树已经超过2 500年。

栗果营养丰富，可生食、炒食和煮食，富含淀粉、核黄素、蛋白质等营养成分；栗树木材坚硬、致密、耐水耐湿，是造船、制作家具的上好材料，木材纤维还可以造纸；栗树根、树皮、叶、总苞、花、外果皮、内果皮、种仁均可入药。

我国是世界上最大的板栗生产国。根据国家林业和草原局统计年鉴显示，2022年我国板栗总产量227.8万吨，总产值207.2亿元，种植面积、产量均居世界首位。我国还是世界第一大板栗出口国，根据中国海关数据显示，2022年我国板栗出口额8 160.9万美元（数据统计采用未去壳板栗和去壳板栗两项类目之和计算），占全球出口额八成以上，国际竞争优势明显；出口总量3.7万吨，贸易增长潜力巨大。

目前，我国已选育出300余个优良品种，栽培上出现了一批高产试验田，亩*产约为300千克，部分产区亩产甚至超过400千克。这些成绩为我国板栗增产开辟了一条新途径，同时也说明我国板栗增产潜力巨大。在我国，板栗主要生长在瘠薄坡地，高产的关键在于优良品种应用，以及新的栽培技术措施能否在生产上得到重视与落实。因此，大力发展板栗种植，是合理利用山坡贫瘠土地、繁荣

---

* 1亩≈667米^2，15亩=1公顷，全书同。

山区经济的重要措施。

　　作者结合自己 20 余年从事板栗科学研究工作的经验，凝练国内外板栗生产新技术，对板栗生产中普遍存在的问题作出详细解答。本着服务栗农和农业科技推广人员的原则，理论结合实际，内容力求科学实用，文字浅显易懂，便于栗农学习和掌握。

　　由于作者水平有限，书中难免有错误和不足之处，敬请同行专家和读者朋友批评指正！

编者

2024 年 4 月于北京

目　　录

概述篇

1. 发展板栗生产的意义是什么？……………………………（3）
2. 我国板栗生产在世界栗子生产上的地位如何？…………（3）
3. 我国板栗分布状况怎样？…………………………………（4）
4. 我国板栗生产现状及发展前景怎样？……………………（5）
5. 世界主要产栗国有哪些国家？生产现状如何？…………（5）

选择良种篇

6. 世界上栗树主要有几个种类？分布状况如何？…………（9）
7. 我国板栗优良品种的指标有哪些？………………………（10）
8. 我国板栗主要有几个品种群？……………………………（10）
9. 我国板栗各个品种群的主要特点是什么？………………（11）
10. 我国板栗主栽品种有哪些？………………………………（12）
11. 为什么要进行实生单株选优？……………………………（13）
12. 单株选优的方法与标准是什么？…………………………（13）

生物学特性篇

13. 板栗根系生长特性是什么？………………………………（17）

14. 板栗芽有几种？它的生长特性如何？ ……………（18）
15. 板栗枝条种类及生长特性如何？ …………………（21）
16. 板栗叶的生长特性是什么？ ………………………（22）
17. 板栗树花的种类及生长特性如何？ ………………（22）
18. 板栗开花过程如何？ ………………………………（23）
19. 板栗果实结构如何？ ………………………………（24）
20. 板栗果实的生长发育特性如何？ …………………（24）
21. 板栗对温度条件有哪些要求？ ……………………（25）
22. 板栗对光照条件有哪些要求？ ……………………（26）
23. 板栗对水分条件有哪些要求？ ……………………（26）
24. 风对板栗的生长发育有什么影响？ ………………（26）
25. 板栗对土壤条件有哪些要求？ ……………………（27）

优质苗木培育篇

26. 如何选择优良的板栗种子？ ………………………（31）
27. 怎样采收和贮藏种子？ ……………………………（31）
28. 怎样选好栗树苗圃地？ ……………………………（32）
29. 种子播种应注意哪些事项？ ………………………（33）
30. 砧木良种苗标准有哪些？ …………………………（33）
31. 为什么要建立良种采穗圃？ ………………………（34）
32. 营建良种采穗圃有哪些技术要求？ ………………（34）
33. 怎样选择优质的接穗？ ……………………………（35）
34. 如何制作蜡封接穗？ ………………………………（35）
35. 如何贮藏接穗？ ……………………………………（36）
36. 影响嫁接成活率的因素有哪些？ …………………（36）
37. 板栗最佳嫁接时期？ ………………………………（37）
38. 板栗嫁接方法主要有哪几种？ ……………………（37）
39. 如何管理好嫁接后的栗树？ ………………………（38）

40. 优质板栗嫁接苗的标准有哪些？……………………（39）
41. 如何做好起苗、分级、包装及运输管理工作？………（40）

板栗园建立篇

42. 板栗园的立地条件有哪些？……………………………（45）
43. 怎样做好板栗园的规划设计？…………………………（45）
44. 在丘陵山区，怎样建立板栗园？………………………（46）
45. 在河滩地建立板栗园，要注意哪些条件？……………（46）
46. 在石灰岩地区土壤呈微碱性的山坡丘陵，是否可以建立板栗园？……………………………………………（47）
47. 怎样利用现有板栗资源就地嫁接建成板栗园？………（47）
48. 低产板栗园的改造主要有哪些技术措施？……………（48）
49. 低产板栗园嫁接后如何管理？…………………………（51）
50. 为什么要整地？…………………………………………（51）
51. 在山坡丘陵地区怎么整地？……………………………（52）
52. 在河滩地怎样整地？……………………………………（52）
53. 栽植板栗苗的技术要点有哪些？………………………（52）
54. 栗树苗木栽植后如何管理？……………………………（53）

土肥水管理篇

55. 板栗园土壤管理主要包括哪些内容？…………………（57）
56. 在板栗园内，为什么要进行间作？……………………（58）
57. 山地丘陵栗园，为何要进行土壤覆盖？………………（58）
58. 板栗园施肥有哪些作用？………………………………（59）
59. 板栗园为什么要施氮、磷、钾肥？……………………（59）
60. 板栗树体氮含量的季节性变化动态怎样？……………（60）
61. 板栗树体磷含量的季节性变化动态怎样？……………（60）

62. 板栗树体钾含量的季节性变化动态怎样？……（60）
63. 微量元素对板栗的作用有哪些？………………（61）
64. 板栗园为什么要施硼肥？………………………（61）
65. 板栗园种植绿肥覆盖有哪些好处？……………（62）
66. 怎样掌握施肥时期与施肥量？…………………（62）
67. 施肥有几种方法？………………………………（63）
68. 板栗园为何要进行叶面喷肥？一年喷肥几次为宜？…（63）
69. 在微碱性的板栗园怎样施肥？…………………（64）
70. 如何给栗树浇灌水？……………………………（64）
71. 山地栗园如何提高土壤保墒能力？……………（65）
72. 山地丘陵栗园如何提高土壤水分利用效率？…（66）

病虫害防治篇

73. 如何识别和防治板栗胴枯病？…………………（69）
74. 如何识别和防治芽枯病？………………………（70）
75. 如何识别和防治桑寄生？………………………（70）
76. 如何识别和防治白粉病？………………………（71）
77. 如何识别和防治炭疽病？………………………（72）
78. 如何识别和防治栗仁斑点病？…………………（73）
79. 如何识别和防治叶枯病？………………………（74）
80. 如何识别和防治红蜘蛛？………………………（74）
81. 如何识别和防治栗大蚜？………………………（75）
82. 如何识别和防治栗瘿蜂？………………………（76）
83. 如何识别和防治桃蛀螟？………………………（78）
84. 如何识别和防治栗透翅蛾？……………………（79）
85. 如何识别和防治栗皮夜蛾？……………………（80）
86. 如何识别和防治栗实象甲？……………………（81）
87. 如何识别和防治木橑尺蠖？……………………（82）

88. 如何识别和防治云斑天牛？ …………………… （83）
89. 如何识别和防治栗吉丁虫？ …………………… （84）
90. 如何识别和防治大臭蝽？ ……………………… （85）
91. 如何识别和防治栗链蚧？ ……………………… （86）

整形修剪种植篇

92. 板栗树整形修剪的目的和作用是什么？ ……… （89）
93. 板栗树整形修剪的原则和依据是什么？ ……… （89）
94. 如何掌握整形修剪时期和方法？ ……………… （90）
95. 板栗幼树如何进行修剪？ ……………………… （91）
96. 板栗树进入盛果期如何进行修剪？ …………… （93）
97. 板栗大树如何进行修剪？ ……………………… （94）
98. 如何修剪板栗衰老树？ ………………………… （95）
99. 什么样的条件适合板栗林下种植？ …………… （96）
100. 适合板栗林下种植的作物种类有哪些？ …… （97）

主要参考文献 ……………………………………… （99）

概述篇

1. 发展板栗生产的意义是什么？

板栗原产我国，它与枣、桃、杏、李同为我国古代五大名果之一。板栗的果实营养丰富，它的维生素 C（Vc）和胡萝卜素含量高出普通大米和面粉 30 余倍。它的淀粉含量达 50% 以上，蛋白质 5%，脂肪 2%～7%，还含有多种维生素及矿物质（Ca、P、K）等。

板栗作为药食同源的食材，被古人当作健脾补肾、延年益寿的佳品。板栗果实中含有丰富不饱和脂肪酸、维生素、矿物质，可预防高血压、冠心病等，含有核黄素可预防口腔溃疡等。同时，板栗的根、树皮、叶、花、总苞、果皮等也具有良好的药用价值。

板栗木材坚硬，耐湿抗腐，还是良好的建筑、造船和家具用材。

板栗树树形美观，寿命长，是理想的荒山绿化及净化环境的树种。

森林食品产业是山区经济的重要支柱，具有较高的经济效益。板栗是重要的森林食物，我国栗产区农民历史上有以栗代粮的传统习惯，山区农民称为"铁杆庄稼"；板栗果实可以制成各种名贵食品。板栗经济价值较高，是发展山区经济及山区农民致富的重要途径之一。

发展板栗产业是丰富农产品供给结构、助力国家粮油安全、促进林区山区群众稳定增收、实现资源永续利用的重要举措，对乡村振兴战略的实施具有现实和长远意义。

2. 我国板栗生产在世界栗子生产上的地位如何？

我国板栗以品质优良和具有较强的抗病虫害能力而盛名于世，

尤其我国北方地区燕山山系所产板栗，有栗子之冠、天然果脯等美称。

截至2021年，我国板栗产量达到227.8万吨/年，占世界栗子产量的70%以上，为世界产栗大国。

继1992年7月在美国举办第1届世界栗业大会及国际栗树学术讨论会后，在意大利、土耳其、中国、西班牙等国又相继召开第2~7届世界栗业大会，研讨内容涵盖了栗的遗传、生理、病虫害、育种、栽培、生态等方面的最新科研进展，这意味着世界栗子生产和科研工作已经进入一个新的阶段。

我国板栗资源丰富，栽培历史悠久，达3 000年左右；我国又有大量适宜种植板栗的荒山荒地，充分发掘我国板栗的生产潜力，抓紧抓好板栗生产基地建设，提高板栗的产量和质量，形成规模生产，同时通过加工，开发出系列化、多样化优质的栗实食品，开拓新的国际市场，变资源优势为商品优势，可以确保我国板栗继续引领世界栗子市场。

3. 我国板栗分布状况怎样？

板栗在我国的分布很广。南起海南省黎族、苗族自治州（北纬18°31′），北至吉林省集安地区南部（北纬41°20′），东起山东省沿海地区，西至甘肃省，栽培分布遍及全国21个省、自治区、直辖市。

板栗垂直分布范围广，最低海拔为不足50米的沿海平原地区，如山东省郯城、江苏省新沂、沭阳地区；最高海拔分布为2 800米的高山山区，如云南省的永仁、维西地区。

另外，因气候带和地形地势不同（还包括北京市及河北省）多分布在海拔为100~400米的燕山山系；河南省一般分布在海拔900米以下的丘陵山区；湖北省多分布在海拔1 000米左右的大别山地区；湖南省多分布在海拔300~1 000米的武陵山、雪峰山山区。

4. 我国板栗生产现状及发展前景怎样？

目前，我国板栗栽培面积超过2 000万亩，年产量227.8万吨。但我国目前板栗栽培水平比较低，经营管理粗放，品种良莠不齐，产量高低悬殊，每亩产量平均在100~150千克。

自20世纪70年代开始板栗的选种工作以来，随着新品种的推广，我国板栗经历了由实生繁殖、粗放管理到良种嫁接繁殖、集约经营的发展过程，种植面积和产量均有较大幅度增长，生产得到较快发展。

为了发展板栗生产，国家林业和草原局印发了《林草产业发展规划（2021—2025年）》，规划年产稳定在200万吨左右。

5. 世界主要产栗国有哪些国家？生产现状如何？

世界上的栗属植物有十余个种，自然分布以北半球为主，其范围大致在以12℃等温线为中心的地带，主要包括亚洲、非洲、欧洲和美洲。在世界经济栽培的食用栗树中，主要以板栗、日本栗、欧洲栗和美洲栗为主。

中国主要生产板栗、锥栗、茅栗3个种。

意大利、澳大利亚、法国、土耳其、葡萄牙、西班牙等国家主要生产欧洲栗，年产量占世界总产量的15%左右。欧洲栗抗黑水病与抗胴枯病能力较弱。

日本、韩国与朝鲜等国家主要生产日本栗。日本栗在日本的栽培面积为3.76万~4.0万公顷，每年需从我国进口燕山板栗2.5万~3.0万吨。日本栗抗病、虫害能力较弱，它的涩皮不易剥离，含糖量低，品质较差。

美国等国家主要生产美洲栗。美国种植栗树主要目的是生产木材与鞣料，栗子生产只是作为林业副产品。但美国每年需从意大利、韩国、南美等国家与地区进口达4 000余吨。

选择良种篇

6. 世界上栗树主要有几个种类？分布状况如何？

栗属植物自然分布在北半球的亚洲、欧洲、非洲和美洲大陆。

现存的栗属植物有十余个种，它们的坚果都可以食用。主要种类及分布如下。

（1）栗，学名 *Castanea mollissima* Blume，俗称板栗，又称中国板栗。它原产并主要分布在我国。

（2）日本栗，学名 *Castanea crenata* Sieb. et Zucc.。它原产日本，主要分布日本和朝鲜半岛，我国山东省沿海地区及辽宁省东部有少量分布。

（3）欧洲栗，学名 *Castanea sativa* Miller.。它原产亚洲西部，主要分布在欧洲地中海沿岸各国、亚洲西部与非洲北部地区。

（4）美洲栗，学名 *Castanea dentata* Borkh.。它主要分布在美国东部各州。

（5）锥栗，学名 *Castanea henryi* Rehd. et Wils.。它原产我国中部，现主要分布在我国南方各省。

（6）茅栗，学名 *Castanea seguinii* Dode。它原产我国长江流域一带，现主要分布在我国黄河以南长江流域诸省。

（7）榛果栗，学名 *Castanea pumila* Miller。它生长于美国得克萨斯州、佛罗里达州，树体为灌木状。

（8）矮榛果栗，学名 *Castanea alnifolia* Nutt.。它生长于美国得克萨斯州与佛罗里达州，树冠较矮，高为 2 米左右，为灌木状丛生在瘠薄干燥地区。

以上 8 个种类中，在果树栽培上经济价值较高的主要种类为板栗、日本栗、欧洲栗。美洲栗在美国主要作为造林树种。

7. 我国板栗优良品种的指标有哪些？

我国板栗优良品种（系）的标准如下。

（1）高产与稳产

品种（系）的发枝力强，每一结果母枝一般能抽生果枝2个以上；每一结果枝着生球苞一般2个以上；球苞的出籽率为40%~45%；球苞内含籽数量平均不少于2.5粒；大小年产量差异为10%~20%；树冠投影面积的产量为0.5~0.6千克/米^2。

（2）树冠较矮，易于省力化管理

结果枝粗短，树冠紧凑；结果母枝基部芽具有抽生结果枝的能力，或母枝短截后易抽出结果枝；树体内膛结果能力强。

（3）适应性、抗病虫害能力强

在土壤瘠薄或干旱条件下，树体能正常生长发育，保持一定的产量。抗病虫害能力较强。

（4）品质优良

炒食用栗：坚果重不低于6.5克，含糖量18%以上，坚果大小要均匀整齐，果肉质地细腻、糯性，风味香甜。

菜用栗：坚果重25克以上，淀粉含量60%左右，肉质粳性，果形整齐，果肉色泽美观。

8. 我国板栗主要有几个品种群？

我国地域辽阔，板栗品种（系）的分布受栽培历史、自然条件和社会经济因素的影响，品种交流受到很大的限制，区域性十分明显,形成了各地特有的地方品种群。目前公认的我国板栗可分为6个地方品种群,即华北品种群、长江流域品种群、西北品种群、东南品种群、西南品种群与东北品种群。

9. 我国板栗各个品种群的主要特点是什么？

(1) 华北品种群

该品种群主要分布在北京、河北、山东和江苏北部黄河故道地区。该品种群产地集中,产量占全国总产量的60%左右;坚果小而整齐,坚果重以10克以内为主;坚果果肉品质优良,含糖量为20%以上的品种（系）约占44%,其余含糖量为12%~18%;淀粉含量一般为35%~50%,适宜于糖炒食用。原以实生繁殖为主,现正在逐步实行品种化栽培。

(2) 长江流域品种群

该品种群主要分布在湖北、安徽、江苏、浙江等地,以及河南东南部新县等地区。该品种群产地集中;嫁接繁殖为主;品种以大果型为主,坚果重量在16克以上;果实含糖量10%以下,淀粉含量较高,平均在57%,肉质为偏粳性,适宜菜用。

(3) 西北品种群

该品种群主要分布在甘肃南部、四川北部、陕西渭河以南,湖北西北部和河南的西部等8个地区。该品种群产地分散;大多数品种（类型）的坚果较小,多在8克左右,果实品质中等。肉质偏糯性,香甜,适于炒食。栽培上正处于由实生向嫁接繁殖过渡的阶段。

(4) 东南品种群

该品种群主要分布在浙江、福建、广东、江西东南部,以及广

11

西东部和南部。该品种群产区分散；坚果中等大，平均粒重为10~15克，也有少数大果和小果品种，含糖量低，淀粉和含水量高，肉质偏粳性，色泽暗淡，茸毛较多；果实品质差异较大。嫁接或实生繁殖，管理粗放，品种数量少，实生变异幅度大。

（5）西南品种群

该品种群主要分布在四川东南部、湖北西南部、贵州、云南及广西西北部。该品种群产地分散；实生类型，坚果多为小粒型，一般粒重7克左右，嫁接品种果粒较大，有的可达15克以上，品质优良；果实含糖量低，淀粉含量高，平均高达62.5%；果面茸毛较多，少光泽。多数系实生繁殖，云贵高原产区呈半野生状态。

（6）东北品种群

该品种群主要分布在辽宁和吉林南部地区。这是分布在我国最北的一个品种群。该品种群大部分为日本栗系统，部分品种为中日杂交种，果个较大，涩皮不易剥离，抗病虫害能力较差，但产量较高。

10. 我国板栗主栽品种有哪些？

华北品种群：燕山红栗（燕红）、燕山早丰（3113）、燕山魁栗（燕魁、燕奎、107）、燕山短枝（后汉庄20）、大板红（大板49）、替码珍珠、燕明（84-3）、遵达栗、塔丰、东陵明珠、遵化短刺、遵玉、紫珀（北峪2号）、燕昌、燕丰、银丰、燕龙、燕平、良乡1号、怀黄、怀九、怀丰、红光、红栗、金丰、宋家早、泰安薄壳、海丰、石丰、清丰、玉丰、上丰、东丰、华丰、华光、红栗1号、沂蒙短枝、烟泉、烟清、信阳大板栗、确山紫油栗、确山红栗、确山红油栗、豫罗红等。

长江流域品种群：九家种、焦扎、青扎、短扎、处暑红、大红袍、广德大油栗、迟栗子（大头青）、蜜蜂球、叶里藏、大红栗、浅刺大板栗、深刺大板栗等。

西北品种群：长安明拣栗、长安灰拣栗、镇安大板栗、三季栗、豫板栗1-4号、红油栗等。

东南品种群：薄皮大油栗、灰黄油栗、薄皮大毛栗、金坪矮垂栗、魁栗、毛板红等。主要栽培品种有：接板栗、油板栗、中秋栗、早板栗、迟板栗、浅刺栗、特早熟、特大板栗、油榛、短刺毛板红、长刺毛板红、乌壳长芒等。

西南品种群：油板栗、中秋栗、早板栗、迟板栗、浅刺栗、特早熟、特大板栗、云良、云夏、川栗早等。

东北品种群：大峰、金华、丹泽、宽优9113、国见、高见甘等。

11. 为什么要进行实生单株选优？

我国大多数栗产区，长期采用种子繁殖，其后代具有复杂的双亲遗传性，单株之间在树形、结果习性、抗性、坚果大小、果实品质等方面因分离严重而差异较明显。其中有一些高产、稳产、果实品质优良、抗逆性及适应性强的单株，经单株选择后，通过嫁接繁殖并辅助适宜的栽培措施，有可能选育出适宜当地和类似当地自然条件的优良品种（系）。

实生单株选优方法比常规的人工杂交育种方法，在时间上可以缩短一半以上。我国20世纪80年代开始，在栗产区大规模开展实生选优工作。近40年来已经选育出优良品种（系）100余个，并已大面积应用到生产上，它对我国板栗生产起到了积极的促进作用。

12. 单株选优的方法与标准是什么？

板栗实生单株选优的方法分三个步骤进行，即初选、复选和决选。

(1) 初选

初选指标：产量高，每平方米树冠投影面积内栗子产量 0.5~0.7 千克，连续 3 年稳产；坚果重量，炒食用栗 7 克以上，菜用栗 20 克以上；果肉含糖量，炒食用栗要求在 20% 以上；菜用栗淀粉含量要求在 50% 以上；适应性强，对栗红蜘蛛、桃蛀螟、栗实象鼻虫、栗瘿蜂、栗透翅蛾、胴枯病、栗仁斑点病等有一定的抗性；容易进行嫁接繁殖，成活率高，早实性强。

对入选单株标号，并建立档案。

(2) 复选

从入选的单株中采集接穗，嫁接在树龄 5 年生的砧木上，每一入选单株嫁接 5 株，进行 3 年以上的观察、比较，做好优中选优工作。复选工作要在复选圃内行，复选圃的土壤条件、砧木年龄、砧木大小要求基本一致。

(3) 决选

经复选圃 3 年的观察、比较，从中选出更优良的单株，把表现最佳和稳定性较强的优系，作为决选对象，进行多点区域性风土鉴定试验，再次进行观察、比较，区域性试验地最少不能少于 3 块地，设置在不同的地区，要求它的立地条件类型不同，但砧木年龄要一致，砧龄一般以 5 年生为宜。再经 3 年的观察、比较，最后决选出最佳的优系，并予以命名，经省（市）级林木品种审定委员会审定后，新的板栗优良品种就产生了。

生物学特性篇

13. 板栗根系生长特性是什么？

板栗是深根性树种。它的根系较发达，主根能深入土层 2~3 米或更深；而在瘠薄的地块，主根就会横向发展，其广度一般为冠径的 3 倍。

（1）根系的垂直分布

板栗种子萌发时它的胚根向下生长形成一条垂直的主根，生长 1~2 年后，受土层的阻碍可分成几个纵横发展的主根。

在土壤条件较好的地方，板栗根系主要分布在 30~60 厘米的土层内；在土层瘠薄的地方，则分布在 25~40 厘米的土层内。

（2）根系的水平分布

板栗根系水平分布受土壤肥力和水分条件的影响，在土壤肥力、水分条件较好的地块，根系伸展的范围广，一般可达冠径的 2.5 倍；在土壤肥力、水分条件较差的地块，根系生长数量少，伸展的范围小。

板栗根系在远树干处分布较少，在近树干处根系数量较多。

坡地上的栗树，根系向下坡伸展的数量最多，向上伸展的根系少；横向伸展的根系其数量少于向坡下伸展的数量。

生长在山坡梯田或山坡树盘上的栗树，它的根系以横向伸展为主，向坡上、坡下伸展数量少。

（3）根的再生能力

栗树根被截断后，先在伤口形成愈伤组织，再从愈伤组织分化出新的根系，最后在断口部位后部也能出现新根。细根再生新根速度快，分生须根数量多；粗根再生新根能力差，数量少。因此，在起运栗苗和土穴施肥时应少伤粗根。

但适当地采用断根法有助于更新根系、增加细根数量、促进栗树吸收养分。

(4) 根系的生长

板栗树根系在地温 8~8.5℃时开始活动，23~26℃为根系生长旺盛时期。在燕山地区，4 月上旬根系开始活动；7 月下旬以后，吸收根大量发生；8 月下旬达到高峰，以后逐渐下降；到 12 月下旬根系转入休眠。

根系生长活动与土壤水分含量密切相关。春季上层土水分较少，而中下层水分含量较多，此时该层根系活动较活跃；夏季上层土壤含水量与温度适宜，该层根系活动比中层根系活动强。土壤表层用地膜或稻（麦）秸覆盖，春季根系活动时间能提前，初冬停止活动往后延长。

栗树根系活动时间比地上部树体部分早 10 天左右，停止活动比落叶晚 30 天左右。

(5) 板栗菌根

板栗幼嫩根尖上有真菌与它共生，形成外生菌根，板栗根系上的真菌为卷边桩菇。栗根菌形成时期与根系生长基本同步。板栗菌根能扩大根系的吸收面积，有利于吸收土壤中难于吸收的养分、水分，尤其是难溶的矿质营养，在瘠薄的土壤中它的作用更为明显。板栗菌根能提高栗树的抗旱、抗病害能力，还能通过降低根际土壤 pH 值，改善根际的生态环境。

14. 板栗芽有几种？它的生长特性如何？

板栗树的芽按其特性、作用和结构，可分为混合芽、叶芽与隐芽 3 种。板栗树没有真顶芽，它的顶芽实际上是由第一个腋芽变成的。

(1) 混合芽

着生在枝条的先端，芽体较大。分为完全混合芽与不完全混合芽。单抽生雄花枝的为不完全混合芽，一般位于枝条中、下部；能抽生结果枝的为完全混合芽，一般着生在粗壮枝条的顶端第2~3个芽。混合芽芽顶钝圆，呈扁圆形或短三角形，茸毛少，有4个鳞片，外层两片覆盖整个芽体。

(2) 叶芽

萌发后只能抽生营养枝。幼树叶芽着生在生长旺盛的枝条上中部；成年栗树叶芽着生在枝条的中下部。芽体较小，呈近钝三角形，茸毛多，外层两个小鳞片未能完全覆盖芽体，内层鳞片常部分露出。

(3) 隐芽

芽体最小，外层覆盖6~8个鳞片。隐芽着生在枝干的基部。平时不萌发呈休眠状态，寿命较长。当枝干受到短截等刺激时，它才能萌发形成徒长枝或营养枝。

(4) 花芽分化

雄花序的分化：主要在芽形成的当年完成。5月下旬新梢停止生长后，新抽生的结果枝前梢的大芽逐步开始分化，在芽内孕育着翌年形成新梢的雏梢，此时雏梢有6节左右，解剖镜下可以看到2个左右呈泡状的雄花序原基。以后自上而下平均每周形成一个雄花序原基，此时雄花序的当年分化已完成。7月下旬至9月上旬，坚果处于生长发育期，树体营养主要集中在果实发育中，果前梢的芽处于充实期。栗果实成熟采收后，在10月中下旬，芽体又可得到较好的营养供应，雏梢第二次生长，增加1~3个雄花序原基，雏梢节间明显，子芽增大，托叶茸毛增多，11月后芽体进入休眠。

混合花序的分化：板栗两性（混合）花序原基发生在春季，萌芽期开始进入形态分化。雄花序原基分化的盛期集中于6月下旬至8月中旬，在板栗果实采收前的一段时间处于停滞状态。果实采收后至落叶前，可观察到雄花序原基的分化。板栗雌花芽的形态分化是在春季芽萌动以后至4月底以前完成的。4月上旬，结果母枝上的混合芽萌发时，芽内雏梢生长锥延迟伸长，并在其侧面相继分化出两性花序原基。到花芽展开时，在伸长并分化中的两性花序基部出现雌花序原基。在几个两性花序原基的前部，雏梢生长锥继续分化，形成果前梢。雌花的生理分化和形态分化是同时进行的。

根据物候期和芽内的分化大体可细分为下面4个时期。

萌动期：3月下旬芽体变化不大，但芽内雏梢的生长锥已进入分化状态，此时的混合花序原基可见于生长锥的幼叶腋间，呈一个小凸起。

芽头露白期：4月初芽体增大，2枚大鳞片张开，雄花序原基顶端伸长，雏梢顶部形成多个明显的小凸起。

芽轴伸长期：4月中旬，混合花序原基体积增大与顶端生长锥相仿。

雌花簇形成期：4月中旬，解剖镜观察能看到混合花序、雌花簇的大苞叶和果前梢的原基。

（5）芽的生理分化

芽的生理分化与芽形态分化基本上同步，在春季芽开始萌动到4月下旬，因此在此前施速效肥料能增加雌花数量。

（6）芽序

芽在枝条上排列方式称芽序，又称叶序。

板栗树芽序分两种，2/5式或1/2式。

2/5式：芽在枝条上为螺旋状排列。

1/2式：芽整齐排列在枝条的两侧。

成龄树芽的排列多为 2/5 式，1/2 式芽序是板栗树童期的特征之一。

15. 板栗枝条种类及生长特性如何？

板栗枝条有三种：结果枝、发育枝、雄花枝。

(1) 结果枝

结果枝由完全混合芽萌发而成，依生长长短分为长果枝（长度大于 20 厘米）、中果枝（长度 15~20 厘米）、短果枝（长度小于 15 厘米）三种类型。

(2) 发育枝

发育枝又称营养枝，它是由叶芽或隐芽萌发而成，依生长情况分为普通发育枝、细弱枝与徒长枝。

(3) 雄花枝

雄花枝由不完全混合芽萌发而成。分三段：第一段为基部第 1~4 节，叶内有小芽；第二段为第 5~10 节，它着生雄花序，脱落后成为盲节，即该段没有芽；第三段为枝梢的前段部分，上面着生若干叶片，叶腋内有小芽。

枝条的生长动态如下。

在北方产区，栗树在 3 月中下旬，芽鳞片张开，出现露白现象；4 月中旬，芽开始吐绿，4 月末芽萌发开始长叶，5 月上旬至中下旬是新梢生长最快时期，此时生长量占 80% 左右；6 月中旬至下旬，枝条顶端停止生长，顶芽枯萎脱落，此时，枝条加粗生长至 9 月。

生长势中庸的栗树，枝条一年只能生长一次；幼龄树或长势较旺的大树，在营养条件、温湿度适宜时能生长两次。

16. 板栗叶的生长特性是什么？

板栗枝上的叶片依生长部位和动态状况，可大体分为三类，即下部叶（盲节下）、中部叶（盲节段）、上部叶（尾枝叶）。

下部叶：有2个生长高峰，第一个生长高峰在混合花序露红期，第二个生长高峰在苞片可见期。

中部叶：最早展叶的要比下部叶晚5~7天，此部位叶片自下而上展叶都顺次晚2~3天，因此生长高峰也顺延。中部叶的单叶面积小于下部和上部叶的单叶面积。

上部叶：自下而上的展叶期均相差3~5天，只有一个高峰期。最早展叶要比中部叶晚10天左右，比下部叶晚15天，因此，栗树枝条上的展叶期第一叶片与末叶片相差30天，停止生长期相差20~25天。

在北京地区，4月底至5月初为展叶初期，5月中旬为生长高峰期，6月中下旬停止生长。生长期50天左右。栗树的落叶期很长。一般老弱病树落叶早，壮树和幼树落叶晚，未结果的实生树不落叶，到第二年芽萌发时才落叶。同株树下部分先落叶，上部后落叶。

17. 板栗树花的种类及生长特性如何？

板栗是雌雄同株异花植物。雌花与雄花同生于一个芽体——完全混合花。

栗树雄花序与雌花序比例一般为12∶1，丰产性品种为7∶1，雄花与雌花比例为（2 500~4 500）∶1。

(1) 雄花

雄花着生在新梢的叶腋上，5~7朵花构成一簇，成聚散花序，花序又着生在一个花轴上，形成柔荑花序，一个花序上有 100 余个花簇，一个雄花序有 800 个左右雄花。雄花序长短依品种而异，一般长 10~20 厘米，部分品种雄花序在 5 厘米以下或发生退化，也有的品种雄花序在中途停止发育。

栗树雄花序与雌花序比例一般为 12：1，丰产性品种为 7：1，雄花与雌花比例为（2 500~4 500）：1。

栗树雄花的构造，每朵花有花被 6 裂，淡黄色雄蕊 10~12 个，花丝细长，花药卵形，乳白色，每个花药有花粉粒千粒以上，呈椭圆形或圆形，中间有一个纵向深沟，花粉粒小，长 20 微米，宽 10 微米。

（2）雌花

雌花着生在果前梢（尾枝）雄花序的基部，一般有 1~3 簇雌花，丰产性品种 5~6 簇以上。

雌花外表有鳞片的总苞，其中雌花 3 朵，柱头 7~9 个，露出苞外，子房 8 室，每室有 2 个胚珠，一个子房有 16 个胚珠，呈白色半透明状。

18. 板栗开花过程如何？

雄花：开放过程分为四个阶段，即花丝顶出、花丝伸直、花药开裂与花丝枯萎，全过程 10 天左右。一个花序的雄花，其基部花先开，逐渐向上按序开放，时间 7 天左右。花粉在上午散开，传飞距离 300 米，在 50 米以内飞散的花粉数量最多。

雌花：开放过程分为五个阶段，即雌花出现、柱头出现、柱头分叉、柱头展开与柱头反卷，全过程 20 天左右。同一花序的 3 朵花，中心花比两侧花早开 4~5 天。在柱头分叉与展开阶段内，柱头上茸毛分泌黏液，此时为授粉最佳时期。

19. 板栗果实结构如何？

板栗的果实由球苞（刺苞）和坚果组成。

(1) 球苞

球苞由变态叶演变而成，又称栗苞，幼时叫总苞。球苞由刺束、球肉、茸毛、球梗（果梗）四部分组成。球苞成熟时沿缝线开裂，开裂的形态依品种而异，球苞的形状依品种而不同，有短椭球形、椭球形、椭圆形、扁椭球形、尖顶椭球形、蚕茧形等。球苞上的刺束的长度、疏密度、着生方向、刚柔等依品种而异。

空苞：即球苞中胚珠全部败育。据报道，土壤中有效硼含量低于0.5毫克/千克时，球苞容易产生空苞现象。

(2) 坚果

坚果由子房发育而成，由球苞包着，1个球苞一般含3粒坚果，但也有1~2粒的，也有5~6粒的，多的还可达到15粒。这与品种、营养条件有关。坚果大小、皮色也与品种及树体营养有直接关系。坚果由果皮（坚果皮）、种皮（涩皮）与果肉（种胚）组成。坚果基部称果座，它与球苞连接，从树体吸收营养物质与水分，果座表面的放射线是维管束的残迹。

坚果的形状以边果外形为准，分为球形、椭球形、卵形等。

板栗坚果属于无胚乳种子，它由两片肥厚的子叶组成，这是可食部分，称为果肉。果肉由胚珠形成，含有大量的淀粉。板栗坚果的耐藏性较差，它要求较严格的贮藏条件。

20. 板栗果实的生长发育特性如何？

板栗的雌花从受精到坚果成熟约需3个月的时间。板栗果实的生长发育分为四阶段。

(1) 合子形成期

花粉粒在雌花的柱头上受到柱头黏液的刺激，萌发出一个花粉管，花粉粒通过花柱道，由珠孔的一个助细胞的丝状器入胚囊，放出精子，精子与卵结合形成合子，发育成胚。

(2) 幼胚发生期

板栗雌花子房内有 16 个胚，他们在子房上部排成一圈，胚珠呈卵形，大小一致，但只有一个胚珠受精。7 月中旬，受精的胚珠开始膨大并逐渐增大形成幼胚，浸于胚乳中。

(3) 胚乳吸收期

7 月下旬，幼胚形成胚根与子叶，子叶继续增大，胚乳被子叶吸收，其他的十几个胚珠败育呈褐色残留在子房上部。

(4) 幼果增大期

8 月中旬以后，子叶明显增大，这时树体光合产物主要供应坚果生长。因此，8 月中旬后是栗果实快速生长期，此时应多施速效肥。

21. 板栗对温度条件有哪些要求？

我国北方地区 4—10 月生育期间的平均温度为 9~15℃，适合板栗生长发育的要求；南方地区 4—10 月生育期间的平均温度为 21~24℃，虽然气温较北方高，但板栗也可以正常生长发育。

板栗喜欢光充足的环境条件，在绝对高温不超过 39.1℃，绝对低温不低于-24.5℃，均能正常生长发育。

22. 板栗对光照条件有哪些要求？

据测定，板栗光合作用的光补偿点为 947~1 000 勒克斯，高于苹果树，与桃树相近，所以栗树是喜光性较强的树种。板栗在生长发育期间要求充足的光照，沟谷里的板栗树由于光照不足，树体生长发育不良。

板栗树开花期要求良好的光照与干爽的空气，这有利于授粉授精。板栗园树冠郁闭易使树膛内光照不足，造成下部枝条枯死、枝干光秃，因此，在确定板栗栽植密度及整形修剪方案时，应对它的喜光特性充分重视。

23. 板栗对水分条件有哪些要求？

据测定，当土壤含水量为 8%~10%、持水量为 56.96%~63.41% 时，栗叶肥大，颜色深绿。当土壤含水量为 5.10%、持水量为 32.41% 时，栗树叶出现萎蔫和黄叶现象；当土壤含水量超过 14.8% 时，栗苗生长受到抑制，超过 10.3% 幼苗开始枯萎。

板栗树不耐涝，连续积水 1~2 个月会导致栗根根系腐烂，树体死亡。在地下水位高、排水不良的地方，应注意加强排水管理。在干旱少雨无灌溉条件的山区，应加强水土保持措施，提高土壤蓄水与保墒能力。

24. 风对板栗的生长发育有什么影响？

板栗树在开花期若遇到微风，能提高栗树的授粉授精效率，为增产创造条件；微风可以创造间歇性的光照条件，补充 CO_2 的浓度，提高树体叶片的光合效率。良好的通风条件能减少病虫为害，但强风会造成枝干劈裂，叶片撞伤与落花落果，所以不宜在风口处种植板栗树。

25. 板栗对土壤条件有哪些要求？

(1) 土壤理化特征

板栗树土壤 pH 值的适宜范围是 5.5~7.5，栗园土壤含盐量不能超过 0.2%，土壤含盐量超过 0.3%，栗树容易死亡。

北方地区栗树多分布在基岩为花岗岩、片麻岩与砂岩的土壤，这种土壤多呈微酸性，适宜栗树的生长发育。南方地区的石灰岩土壤，因淋溶充分，土壤碳酸钙流失，钙离子减少，呈不饱和态盐基，土壤为酸性，亦适宜栗树生长发育。

栗树是高锰植物，叶片分析表明，栗叶锰含量平均为 0.353%，属锰含量较高的果树。土壤 pH 值 5~6，栗叶含锰量为 0.2%时，栗树生长发育最好；土壤 pH 值 6.6 以上，叶中含锰量下降至 0.12%，栗树生长发育不良，叶片呈黄色。

土壤 pH 值增高，影响栗树对锰的吸收，这是栗树在石灰岩地区生长发育不良的原因之一。在石灰岩地区通过增加土壤有机质含量，可以改善土壤中有效锰的含量。这是因为土壤中有机质分解时，它可以产生有机酸，从而降低土壤 pH 值，从而增加锰、铁、铝的有效性。

(2) 土层

丰产园要求土层在 60 厘米以上。在土层只有 30 厘米的地方，首先要加深活土层，大量施入有机肥，提高土壤有机质含量，土壤有机质常被公认为是影响土壤肥沃程度的重要物质，其含量的高低可作为反映土壤肥力高低的指标。因此，丰产栗园土壤有机质含量应保持在 1.2%以上，同时要加强水土保持措施。

(3) 土壤施硼

土壤中有效硼含量低于 0.5 毫克/千克，栗树容易发生空苞现象，影响栗树产量。酸性土壤硼易流失，因此，在酸性栗园，土壤每 4~5 年应土施硼肥。而在石灰岩地区，土壤中的硼易被固定，降低有效性。因此，在石灰岩地，土壤应多施有机肥和酸性肥料，增加土壤硼的有效性。

(4) 坡向

板栗喜光性较强，山区应选择阳坡、半阳坡栽植。低山丘陵在半阴坡也可以栽植，在阴坡不宜种植板栗。

优质苗木培育篇

26. 如何选择优良的板栗种子？

采集优良的板栗种子是实生繁殖的关键环节。由于板栗是异花授粉植物，子代受到双亲的遗传影响，采集时要选择合适的时间、工具，选优良的种子。生产上根据种子需求量和板栗结实量确定采种林分，一般选择丰产稳产、生长健壮、品质好、结实早并且树龄在 15 年以上的优良母树进行采集。掌握板栗种子成熟特征和脱落特性，选择自然成熟落地、饱满、粒大、整齐度高、外形完整、无病虫害且每千克的粒数大概在 120 粒左右的种子。

27. 怎样采收和贮藏种子？

我国板栗在 8 月下旬至 10 月上旬陆续成熟，大部分品种在 9 月中下旬成熟。当板栗的栗苞由绿色转黄色并自然开裂，坚果呈棕褐色，全树有 1/3 栗苞开裂时采收，严禁抢采掠青。为了保证既采收成熟栗子，又要减少丢失和风干，最好的方法是将拣拾栗子和打栗苞结合起来，可以提前在树下铺上塑料布；同时，要严格保护母树，保障人身安全。采得的果实在采集地点临时堆放时，堆放不得过厚，及时挂附采种临时标签，尽快运往调制场所进行调制。

板栗是干果，有人认为比水果耐贮藏运输，实际上板栗怕干、怕湿、怕热和怕冻，是比较娇气的，特别是不能晒干后出售。采收后栗苞要堆放在地势较高、凉爽、通风的地方，做好发汗和散热处理，目的是让栗苞散尽"田间热"，使栗实完成后熟及着色，再采用沙藏法或低温贮藏法。贮藏前，将选好的种子放入高锰酸钾溶液中消毒杀菌。

(1) 沙藏法

取干净湿沙，湿沙以手握成团一松即散为宜。将湿沙与栗果以

2∶1的比例混匀装入坛内或旧木箱内。坛内或木箱底先铺1层4~5厘米的湿沙,再将其口封1层4~5厘米的湿沙,放置在阴凉通风的地方。若大量贮藏可在室内堆贮,但四周应用薄膜封好,并保湿和防鼠,每隔10~15天查翻1次。

没有湿沙的地方可用锯屑代替湿沙,使其含水量40%左右,锯屑与栗果的比例为2∶1,可保持板栗新鲜,不发芽不霉烂。

(2) 低温贮藏法

采收后将栗果用麻袋装好,气温高时,可贮藏在冷库内,气温下降后再运输到各地。放入冷库时,栗子要装在湿麻袋内,库湿为0~2℃,相对湿度60%~90%,并有一定的通风条件,通入潮湿的冷风。此方法适宜于长途贩运或加工。

板栗营养丰富,风味独特,但季节性较强,不易保存。若是技术不当,在栗果收后第一个月极易发生虫害和腐烂,并在第二个月因失去水分而失去原来风味,价值降低。

28. 怎样选好栗树苗圃地?

按照板栗生长发育要求,应做到适地种植,苗圃地必须具备以下条件。①土壤以酸性或微酸性为宜,一般在pH值为5.5~6.5的土壤上生长比较良好,pH值超过7.2将影响其对微量元素的吸收导致生长不良;②地势开阔,阳光充足,通风条件好,以促进苗木健壮,增强抵抗病虫害的能力;③交通方便,以减少苗木运输中的损伤,提高移栽成活率;④水源要充足,排灌方便,以满足苗圃地抗旱排涝的需要,一般低洼渍地或水源缺乏的地方,不宜用作苗圃地;⑤土层要深厚,土壤要疏松,土质要肥沃,黏重、板结或含盐碱的地块不能作苗圃地。

29. 种子播种应注意哪些事项？

(1) 播种时间

以春播为主，在3月上旬开始播种。

(2) 播种方法

播前灌足底水，用条播法。即在整好的苗圃地内，按30厘米行距开沟，再按株距10厘米左右播种，播时种子平放，有利于出苗和起苗，播后覆细土2~3厘米。注意种子要平放，种尖不能朝上或朝下。朝上不利于胚根生长，朝下不利于胚芽生长，平放则胚芽、胚根皆生长良好。为使侧根大量发生，要将萌发种子的幼根切去0.5~1厘米，经过断根的植株主根不发达，能形成强大的侧生根系，有利于地上部生长，也有利于以后起苗。未萌发胚根的种子，混沙堆积于阳畦中，厚度20厘米，上面覆盖塑料薄膜以提高温度和保湿，待胚根萌发后再播种。

(3) 播种量

每亩播种用量为150~250千克；出苗率如在80%，每亩可产苗3万~5万株。如培养嫁接苗，播种密度可稀些，一般控制在2万株以内，培育成大苗，以利嫁接使用。

30. 砧木良种苗标准有哪些？

一年生砧木苗质量等级见表1。

表1 板栗一年生砧木苗质量等级

等级	地径/厘米	苗高/厘米	根系长度/厘米	≥5厘米长Ⅰ级侧根数/根	形态指标
Ⅰ级	>0.8	>80	>25	>10	芽体饱满，枝条充分木质化
Ⅱ级	0.6~0.8	60~80	18~25	5~10	

31. 为什么要建立良种采穗圃？

采穗圃是以优树或优良无性系为材料，生产遗传品质优良的枝条、接穗和根段的良种繁殖基地。一般设置在苗圃里，宜选在气候适宜、土壤肥沃、地势平坦、便于灌溉、交通方便、劳动力充足的地方；为防止品种混杂，便于操作管理，可按品种或无性系分区，把同品种栽植在一个小区。

采穗圃的作用：①能够直接为造林提供种条或种根；②是为进一步扩大繁殖提供无性繁殖材料，用于建立种子园、繁殖圃或培育无性系苗木。

营建采穗圃的优点：①亲本的优良特性能够很好地保持；②繁殖方法简单，进行集约经营管理，穗条产量高，成本低；③种条生长一致性良好，粗细适中，粗壮充实，发根能力强；④能快速地把优株（系）应用于生产实践，特别是在优株种子来源缺乏的情况下，其意义更大。

采穗圃的缺点：①长期无性繁殖，容易形成遗传上的单一无性系，抗性降低；②用无性繁殖苗造林的林分，不能再次供优树选择。

32. 营建良种采穗圃有哪些技术要求？

第一，选择作业方便、条件优良的圃地，为采穗圃生产奠定基础。

第二，适时整形修剪，将幼化控制贯穿于采穗圃经营的全过程。

第三，加强水肥管理，保证种条质量，延长采穗圃使用寿命。

第四，合理密植，提高单位面积的穗条产量与效益。

第五，块状定植，标识清楚，避免品种或无性系混杂。

33. 怎样选择优质的接穗？

板栗品种进行嫁接改优是实现丰产的重要技术措施，接穗采选是关键。接穗的采集在板栗休眠期也可进行，北方地区每年12月初至翌年3月中下旬，最佳采集时间段在2月下旬至3月中下旬，此段时间接近嫁接时间，接穗容易存放。

确定好改良的品种后，良种的接穗应从无病虫害、生长健壮的成年树上采集，采集树冠上部充分成熟与硬化的新梢，以生长发育良好、组织充实和有3~5个饱满芽的一年生结果母枝或发育枝为宜，无机械损伤，粗度以基部0.6厘米以上为宜，这种枝条嫁接后有助于尽早进入结果期。生长衰老枝和徒长枝不能选作接穗。

34. 如何制作蜡封接穗？

制作方法：①将采集的接穗剪截至15~20厘米、不少于3个健康芽，做好品种标记；②将工业石蜡置于容器内，加少许水，加热融化至煮沸，蜡液温度保持在100℃左右（熔蜡温度过高会导致蜡质变差，烫伤接穗；过低则会降低蜡的流动性），将接穗迅速浸入蘸取蜡液后分散放置，自然冷却后使整个接穗均匀包裹一层很薄、明亮的石蜡层。

优点：①提高嫁接效率，接穗蜡封后可以延长保存时间，不需要立即嫁接，可以有计划地进行品种改良，从而延长嫁接的时间范围；②减少水分蒸发，蜡封可以有效地防止水分蒸发，提高嫁接成活率，且不影响接穗伤口愈伤组织生长和芽正常萌发。

缺点：①蜡封需要专业的设备，需要一定的时间和人力投入，成本相对较高；②对环境不友好，蜡封过程中可能会产生废气废液，对环境有一定影响。

35. 如何贮藏接穗？

接穗进行贮藏是为了保持新鲜，防止失水，延长嫁接时间，提高嫁接成活率。贮藏方法一般采用沙藏法，将接穗用塑料口袋装好，埋入阴凉沙中一层沙一层接穗埋好，沙子湿度为20%~30%较适宜，温度以3~5℃为宜。也可放入冷库贮藏。

36. 影响嫁接成活率的因素有哪些？

(1) 砧木和接穗

一是砧穗间亲和力的强弱。亲和力是指砧木和接穗在遗传生理上通过嫁接后愈合生长的能力，一般亲缘关系近的品种亲和力强，嫁接容易成活，生长发育正常。

二是砧木和接穗的生长状态。嫁接必须在砧木和接穗适宜的物候期进行，此时细胞具有高度活动能力，利于成活。

三是不同砧木品种。砧木品种不同，愈合能力各异，韧皮部组织发达的品种易产生愈伤组织，嫁接易成功。

(2) 外界因素

一是环境条件。温度和水分条件适合与否，是影响嫁接成败的重要因素，在20~25℃的条件下保持接口湿润，对伤口愈合有利。适度的光照也利于伤口愈合。

二是嫁接技术。嫁接技术直接影响嫁接的成败，要避免发生以下情况。削面粗糙或不清洁使砧穗形成层不能紧密结合；削面深达木质部，形成层细胞太少而分生愈合组织困难或时间长；薄膜条带缚扎不严、解除过早或过迟；剪砧不当等。

37. 板栗最佳嫁接时期？

春季是板栗嫁接的主要时期，具体嫁接的时期因方法和各地的气候条件不同而异。确定板栗最适嫁接期，要以当地板栗树的萌动情况而定。以气温15~25℃，接穗与砧木树液开始流动时为宜，即自板栗树离皮至发芽前1个月的时间内，栗树嫁接都能成活，其中以发芽前10天至发芽后5天的时间内，嫁接成活率最高。晴天最好，雨天及风沙天均不适宜嫁接。

嫁接时期不能过早，春天过早嫁接的话，气温比较低，愈伤组织不易产生，嫁接口不宜愈合，接穗组织内水分大量蒸发，生活力降低，影响嫁接成活率；嫁接时期也不宜过晚，由于砧木已开始发力生长，营养物质被消耗，嫁接成活后生长势弱。

38. 板栗嫁接方法主要有哪几种？

嫁接方法以枝接为主，多采用切接、劈接、插皮接等。板栗嫁接一定要掌握"快、准、光、净、紧"五字要诀。操作时，必须掌握以下几点：第一，刀要锋利，削面要平，切入砧木时，用力要均衡；第二，形成层要相靠，也就是砧木、接穗形成层对准；第三，绑扎要紧，使结合处密接，绑扎得紧往往能弥补因技术不熟练削面不平的缺点；第四，动作要轻巧，尽量避免削伤接穗或插伤砧木。

(1) 切接

切接适用于高接、低接和根接。此法最宜砧木干径为1厘米左右的小砧嫁接，是苗圃培育板栗嫁接苗的主要方法。

(2) 插皮接

插皮接又叫皮下接，多用于大砧嫁接。该方法必须在树液流动期，当木质部和皮层容易剥离时才能使用，一般在4月中旬。

(3) 劈接

劈接又叫破头接，是板栗嫁接最常用的方法，当砧木和接穗不离皮时，可用此法。

另外，还有腹接、切腹接、插皮舌接、带木质芽接等，各地可根据情况灵活运用。

39. 如何管理好嫁接后的栗树？

嫁接完成后，外界气温已经升高，树液活动旺盛，有利于愈伤组织形成，接后10余天接穗开始萌发，新梢生长，为保证成活并培育壮苗，必须加强接后管理。

(1) 检查成活率

嫁接一周后，要经常检查接穗成活情况，发现未成活的应及时在原接口下剪砧补接。

(2) 去除萌蘖

在嫁接后10多天，砧木接口下部即开始萌芽，要"尽早、尽小"及时将其除掉。除萌芽须进行多次，直到嫁接新梢正常生长。

(3) 绑保护支架

在新梢完全木质化之前，接穗和砧木未完全愈合，为了防止新梢风折，在接穗长到30厘米时，取1米左右的粗木棍，将其下部固定在砧木上立支柱，把新梢绑缚在支柱上防风折。

（4）适时解除绑扎物

当嫁接部位已经愈合牢固，要及时解除接口上的一切绑扎物。如果解除过晚，可造成嫁接部位的缢伤；解除过早，接口愈合不牢，容易造成嫁接新梢劈裂、折断死亡。

（5）适时摘心

为了促进嫁接树多分枝、早成形，保持树冠矮小紧凑、多结果，当新梢长到30~40厘米时及时掐尖摘心，嫁接当年摘心2~3次，在摘心时应注意有意识培养树形。

（6）加强栗园管理

肥水方面，春季干旱时注意灌溉，夏季追肥结合灌溉进行，及时中耕除草。病虫方面，春季萌芽后易受金龟子为害，夏季易受栗大蚜、红蜘蛛和刺蛾为害，应注意防治；接口处易发生栗疫病，可用杀菌剂防治即可。

40. 优质板栗嫁接苗的标准有哪些？

合格的板栗嫁接苗必须具备以下条件：品种纯正，生长健壮，主干充实，顶芽饱满；具有一定高度和粗度，根条发达，须根较多；无病虫害或机械损伤；嫁接部位愈合良好。2年生嫁接苗根系庞大，运输困难，往往定植后成活率较低。用一年生嫁接苗定植成活率高，缓苗期短，第二年生长快，成本低。

一年生Ⅰ级嫁接苗规格标准如下。

（1）根系

侧根3~5条，长15厘米以上，侧须根发达，无烂根。

(2) 茎

茎粗 0.8 厘米以上，苗高 80 厘米米以上，茎干通直，无分枝。

(3) 芽

顶芽无损，充实饱满成活。

(4) 嫁接伤口

愈合良好，无机械损伤和病虫害为害症状（虫食、病斑等）。

41. 如何做好起苗、分级、包装及运输管理工作？

苗木出圃是板栗育苗工作中的最后一个环节，出圃工作的好坏与苗木的质量和栽植成活率有直接的关系。秋末冬初对圃内的苗木进行调查，核定苗木种类、品种、数量，准备包装材料和运输工具，确定临时假植和越冬的场所，做好出圃准备。

(1) 起苗

分春、秋两季，多数地区都在秋季起苗。秋季，嫁接苗开始落叶进入休眠期，至根系活动前起苗为最适时期。北京起苗时期一般在 11 月中旬至翌年 3 月上旬。起出的苗木不能放在苗床上风吹日晒，应将苗木就地假植。

(2) 分级

苗木分级应严格按照苗木规格标准进行。

板栗嫁接苗规格：地际径达到 1 厘米，苗高 80 厘米以上，侧根长 15 厘米以上，愈合良好，无病虫及机械伤害。除此之外，还要求培育嫁接苗所用的砧木必须在嫁接前移床分级栽培，提前切断苗木主根，促使多生侧根和须根，以提高定植成活率。

(3) 包装运输

将合格苗按 50~100 株/捆，挂上品种标记，放在泥浆中蘸根，让根系蘸上一层薄泥浆，保持根系湿润，用准备好的湿稻草包裹好，以草绳系紧。

板栗园建立篇

42. 板栗园的立地条件有哪些？

在板栗自然分布区域内，按照板栗生长发育要求的环境条件，尽可能符合以下要求。

(1) 土壤条件

土层厚度在 40 厘米以上，以 pH 值 5.5~6.8 的砂壤土、壤土为宜。

(2) 温度条件

年平均气温 8~22℃，极端低温-35℃，极端高温 42℃。

(3) 水分条件

北方板栗主产区年降水量 500~1 000 毫米，南方板栗主产区年降水量 1 000~2 000 毫米；水源要充足，排灌方便，以满足苗田抗旱排涝的需要。

(4) 光照条件

地势开阔，阳光充足，通风条件好，以平地、阳坡和半阳坡为宜，若选择沟谷，则每日光照要在 7 小时以上。

43. 怎样做好板栗园的规划设计？

(1) 小区规划

为合理利用土地和便于管理，一般园中的种植小区面积以 50 亩为宜，每小区种植不少于 2 个品种，大型种植区需配置授粉树。

(2) 道路设计

种植小区应与道路、排灌系统、辅助设施等配套。园中道路系统由干线、支线与小路组成。干线贯穿园中央，路宽以能过卡车为宜；支线是栗园主要作业道路，以能过小型拖拉机为宜；小路是园内小区分界线，路宽1.5~2米。

(3) 灌溉系统

以小型蓄水池为主。山地建园应采取水土保持工程措施建成梯田式种植园。

(4) 辅助设施

包括办公室、车库、仓库、地窖等，以少占地为原则。

44. 在丘陵山区，怎样建立板栗园？

山地、丘陵建园，一般选择山坡土层较厚、地势平缓的中下部，宜选阳坡或半阳坡栽植。在水土冲刷严重、无法加厚土层的地方，以及强风口、寒风口均不宜建立栗园。山地丘陵按照等高线整地成梯田或斜坡地，水平梯田宽2~3米，边缘筑起高出田面20~40厘米、宽40~50厘米的土石埂，按株行距定点开穴。山地板栗园宜选择抗性强品种，栽植密度为每亩40~60株。

45. 在河滩地建立板栗园，要注意哪些条件？

在平原地区多选择河滩地、古河道等非宜粮地建园。这些区域土层薄，土壤有机质含量低，地下水位高，保水保肥能力差，但透气性好，经改良后完全适宜板栗生长。河滩地建园要选择排灌良好地段，做好掺土增肥工作，改善土壤理化状况，提高土壤肥力。

46. 在石灰岩地区土壤呈微碱性的山坡丘陵，是否可以建立板栗园？

板栗喜酸性土壤，最适宜的是 pH 值为 5~6.8 的微酸性土壤。当 pH 值超过 7.5，总盐量达到 0.2% 时，植株生长势很差或难以成活。

47. 怎样利用现有板栗资源就地嫁接建成板栗园？

现有板栗资源包括人工栽植板栗林、野生板栗林。将上述板栗资源进行合理改造，将产生巨大的经济效益。

（1）人工栽植板栗林的改造。该林一般集中连片，从造林开始至树林郁闭，都有人工进行抚育管理。因此，这种板栗林的株行距、树龄、树体大小、生长势等比较一致，但由于实生繁殖，使板栗树之间的遗传差异性较大，产量与果品品质很难一致，产量、效益较低。只要用优良品种对人工板栗林进行高接换优改造，栗树产量可以成倍增长，果品品质也能得到显著提高。

一方面，要做好规划设计工作，选择适宜当地的优良品种，制订施工计划与方法；另一方面，制订板栗园建成后的配套管理方案。在建园过程中，对嫁接成活的栗树要及时进行抹除萌蘖、绑缚支棍、摘心、病虫害防治等工作，同时加强地下管理，及时进行松土、除草、施肥，加强栗园源的水土保持工作。

（2）野生板栗林的改造。在我国南方长江流域有不少的野生板栗林，它在生产过程中没有人为的干预，完全处于自然的生长发育状态。因此，野生板栗林的生长发育较复杂，林中各株树间的树龄、树体大小、生长势、产量与品质差异较大，没有固定的株行距，密度不整齐，有时还伴生着其他的乔木、灌木树种，杂草丛生，病虫害较多。野生板栗林经济效益较低，但发展潜力巨大。

在我国河南省南部、长江流域以及南方各省的低山丘陵地带生长着很多野生或自然生长的实生板栗幼树，充分利用这些资源作砧木，嫁接优良品种板栗接穗，成活后不需移栽。通过适当的管理建成的栗园，称为"樵山"建园。这种方法已在南方板栗产区推广，是山区建立板栗园的有效途径之一。经过"樵山"的栗园，每亩平均栗树40~60株，生长健壮，然后选用当地的优良品种进行高接换优改造工作。改造后的栗园，每年必须不断清除杂木的萌蘖，保证嫁接树正常生长。这种以除掉萌蘖为主的措施，称为"再次樵山"，"樵山"开园一般要用3~4年的时间。

48. 低产板栗园的改造主要有哪些技术措施？

板栗低产园形成的主要原因：一是建园时采用实生树定植，实生树长大后未及时嫁接良种，这些实生树产量较现有良种明显偏低，且各植株间产量参差不齐，导致栗园产量偏低；二是植株栽培过密，建园时为追求早期产量，多采用密植栽培，随着树龄增大、树冠的扩增，抚育间伐措施不到位，导致树体自然郁闭，造成产量过低；三是树形结构不合理，由于管理技术不配套，造成树体枝干、枝条、枝果比例失调，重叠生长，互相遮挡，影响树体通风透光。

针对低产园的不同类型，主要的改造方法如下。

(1) 全园皆伐法

此法适用于全园绝大部分栗树进入了衰退期，或整个板栗园遭受致命的病害或严重的自然灾害，而造成全园产量、经济效益极低，或即使加以措施也难以恢复产量及效益，从而急需加以改造的板栗园。

改造方法：对生产力低、自然灾害严重的板栗园进行带状或块状皆伐，在坡度大于 25°山地则进行横山带或斜山带的带状皆伐改造。皆伐面积因地形和经营水平来确定：坡度低于 5°时皆伐面积应低于 30 公顷；坡度 6°~15°时皆伐面积应低于 20 公顷；坡度 16°~25°时皆伐面积应低于 5 公顷；坡度高于 35°时不适合皆伐改造。

皆伐后要进行常规的整地、施底肥，株行距以 4 米×5 米或 4 米×4 米为宜。定植及定植后管理按正常管理即可。值得注意的是新定植的树修剪，应培育受光量较大的树形，如开心形或"V"形等。

（2）择伐（间伐）改造法

此法适用于部分板栗树进入衰退期，树体遭受严重致命性或毁灭性病虫害，因地形、环境条件等多种因素造成无法进行皆伐，更换品种或增加授粉树等原因而急需改造的板栗园。

改造的方法：在板栗园内选择衰老树、病害严重树、小老树，以及结果量小、栗果卖相差、空蓬量大、树形残弱等树进行标记，再确认无误后进行砍伐，一次性砍伐强度应控制在不超过 30%为宜；砍伐后应结合土壤改良，全面改善投入的水肥气热等性能，合理密植，保证板栗树有充足的光照。注意调整好改造树与原地树的关系，真正做到新树、老树同步生长，彼此相互不受太大的影响。

（3）移密补稀改造法

此法适用于高密度的板栗园。大树移栽就是把过密栗园中需要淘汰的板栗树移栽到空缺地方。此法既可以解决栗园过密的问题，又便于充分利用过剩资源，快速扩建栗园。根据笔者经验认为，树龄 10 年左右的栗树完全可以移栽成活，成活率可以达到 90%以上。当然，树龄过大，移栽工作量大，成活率也低些，移栽价值不大。提高大树移栽成活率，要把握好三个关键：一是移栽前必须重度短截，只保留部分骨干枝；二是尽量保持根系完整，带土移栽；三是移栽穴要适度挖大挖深些，浇透水，再栽树。有条件的，可辅助使用生根剂促发新根，提高成活率。

（4）树体骨架回缩改造法

树体骨架回缩改造法包括两种技术性措施。

一是株间骨干枝条调整。对于种植密度尚未达到需要移栽、择伐或间伐程度的栗园，可以采用重剪回缩的办法控制封行。方法是对树冠外围多年生大枝实行回缩，并疏除多余大枝，复壮内膛，使两树间的枝头相错有致，最好保持50厘米以上的距离，以保障栗树正常生长结果必要的通风透光条件。对回缩发出的新枝再继续培养结果枝组及调整部分结果枝组。

二是降低树体高度改造法。针对主干高、主枝空的板栗树可采取此法。主要技术有截除上部主干（开天窗）、务树。对高、大、空的板栗树，除截除中心主枝外，还应对各侧枝进行重度短截（大务），重新培育矮化型树冠。注意务树后夏季修剪必须跟上，旺枝可每年摘心2~3次，注意培养大型结果枝组，使其结果部位稳固，达到立体结果的目的。

应用此法改造大多需要3~5年方可完成。切忌在一年一次性去掉多个大的主枝，否则容易出现三年内树冠内冒大条的现象。

（5）板栗良种嫁接改造法

此法是全国板栗产区通常采用的主要技术。主要技术环节有：

选择优良品种。选择经过省级以上技术部门的鉴定抗旱、抗寒、抗逆以及高产优质可以满足市场需求和适应栗农生产栽培的板栗优良品种。

高接和原有高产植株复壮管理。北方地区以4月中下旬栗树发芽时嫁接为宜，对于10年生及以上大树，一般嫁接10~20个接穗。然后对低产园内少数产量高、品质好、果粒大而整齐的植株进行复壮处理，疏除过密的辅养枝、细弱枝、病虫枝，以打开层间距，2~3年生枝前端保留1~2个较壮枝，集中养分，促进主侧枝中下部抽生果娃枝，增加母枝数量，扩大结果面积。注意无论是嫁接树还是原有大树，当嫁接或者剪枝中对树体造成较大伤口的部位，都要进行伤口保护，涂抹油漆、戊唑醇原液或甲硫萘乙酸，避免腐烂。

49. 低产板栗园嫁接后如何管理？

（1）新梢绑缚

当接穗新梢长到30~40厘米时，把其绑缚在活支柱上。

（2）夏季摘心

新梢摘心去叶处理，增加分枝量，注意避免日灼。对于成活后就出现雄花的新梢，无论枝条长短，从雄花以上5片叶处摘心。

（3）防治病虫害

尤其特别注意食叶害虫，如金龟子和大灰象甲等，及时喷药。

（4）施肥浇水

及时施肥浇水。

50. 为什么要整地？

整地可为板栗生长创造良好的土壤状态及适宜的耕作构造，在调节土壤有机质分解、积累的同时，还能为板栗的生长发育提供好的土壤环境。按照等高线整地成梯田或斜坡地，水平梯田宽2~3米，边缘筑起高出田面20~40厘米、宽40~50厘米的土石埂，按株行距定点开穴。大穴栽后灌水量要大，否则上湿下干，根系供水不足，影响成活率。穴内填土中央稍高呈馒头形，然后踏实，以防栽后浇水时坑土下沉。

51. 在山坡丘陵地区怎么整地？

山坡薄地结合土壤改良和水土保持，要挖大穴，深 1.2~1.5 米，直径 1.5~2 米，在挖好穴后，将 2/3 的表土和枯叶秸秆等有机物回填穴内，经过冬春雪雨，可促进土壤充分熟化。切不要回填生土，栽后的初生新根接触生土，影响根系生长。

52. 在河滩地怎样整地？

深翻整平后按株行距开穴或开沟，定植穴或定植沟深 60~80 厘米，宽 60~80 厘米，定植穴内覆膜，防止水肥渗漏。南方板栗宜浅栽，垄起高于平地 15~30 厘米的土包，防止雨季积水。

53. 栽植板栗苗的技术要点有哪些？

在栽植前半个月左右，每穴施 0.25~0.5 千克的高效复合肥或磷肥，再放入 40~50 千克的厩肥或腐熟的猪牛粪，将肥料与土壤拌匀，将穴填满。最后，在种植季节，将栗苗种于穴内，将苗木的根系放在穴中心，使根系向四处伸展摆匀，用含有机质的地表土覆盖根系，覆盖的同时，轻提树苗，使覆土进入根隙。栽苗深度一般应保持起苗时的深度为准。在荒山缺水处可采用深坑浅栽法：坑土回填到穴深的 1/2 时，于穴内栽树，栽后坑土低于地表以下 30 厘米，有利于降雨时积水和减少坑土水分蒸发。待幼苗成活后逐年加厚坑土至填满为止，栽苗浇水过后次日封土或覆草，防止水分蒸发。栽好后，立即灌水，水要灌足灌透。水渗后封土保墒。

54. 栗树苗木栽植后如何管理？

板栗的栽后管理主要有浇水、补植、幼树定干、松土、施肥等。

（1）浇水

板栗苗木栽植后，为防止透风失墒，应灌1次透墒水，水渗下后，覆一层细土，以利保墒。有条件的地方，在种植后隔6～10天再浇1次水。在夏季高温季节，因树体蒸腾作用强，水分需求量大，要适时浇水或灌溉。在越冬前，灌溉1次，可提高树木的抗寒力。板栗较耐干旱，大树一般很少进行灌溉。灌溉的时间、次数和水量应根据树体需要、气候变化、土壤含水量等来确定。灌溉方法以滴灌、喷灌为好，也可漫灌、沟灌和在根部刨穴浇水。

另外，有条件的地方，灌水后可采用地膜覆盖树盘的办法，达到节水保墒、增加地温、提高成活率的目的，也可在树盘周围覆盖稻草、麦秸、青草等，能有效地减少水分蒸发，保持土壤湿润疏松，防止杂草丛生。这样既有利于提高栗树成活率，同时稻草腐烂后又增加了土壤有机质含量。

（2）补植

春季发芽展叶后，要及时检查树木成活情况，对栽植不成活的要尽快补植。补植的苗木与原种植苗木的品种和树龄要一致。

（3）幼树定干

已成活的幼树，在春季萌芽时按整形定干的要求进行定干。板栗的定干高度为800～100厘米（包括整形带20厘米），定干时从苗高 80~100 厘米的饱满芽处上方剪干，以刺激根系生长，提高抽枝率。

(4) 松土

在夏、秋季各松土 1 次，既能消除周围的杂草，又能改善土壤结构，有利于根系生长发育。松土深度为 30~40 厘米，松土时，根系分布较浅较多的树干四周应浅，根系分布较少的树冠外围可深，并随松土，捡去石块，施入基肥。

(5) 施肥

在 4—8 月每个月施用 1 次 0.5%的尿素液肥。

(6) 合理间作

间作的目的是以耕代抚、以短养长、以农养林。间作应选择植株矮小、生长期短、吸收肥水较少、能够提高林地肥力、改良土壤结构以及与栗树没有共同病虫害的作物，如豆科作物花生、绿豆、黄豆等为好。栗树栽植后 1~2 年内，间种作物应距树干 1 米以上，随着树龄的增加、树冠的扩大，间种作物离树干逐渐加大，直至中止间作。对间种的作物秸秆要就地还田。如林地肥力较差，在间种作物开花之前刈割，进行翻压埋青。

土肥水管理篇

55. 板栗园土壤管理主要包括哪些内容？

板栗园土壤管理即是通过中耕、除草、灌溉、施肥等方式，将土壤中的水、肥、气、热等生活因素调节至适于板栗生长发育的水平。土壤管理中的常用技术措施如下。

(1) 深翻扩穴

深翻分全园深翻和隔行深翻2种。一般在栽植穴、沟两侧，沿穴沟边界不断向外扩展改土，密植栽培的板栗园1~2年全部扩穴深翻。也可沿原来的栽植沟方向，逐年深翻，每隔数年再扩翻1次使根系更新，深翻深度以30~50厘米为宜。也可在行中间开沟，宽50厘米左右，隔一行扩一行，下一年再扩另一行。

(2) 栗园清耕

栗园清耕是在果树生长季节多次进行浅耕除草，保持栗园地面干净的土壤管理制度。栗园清耕，可采用人工、犁耕或旋耕等方法。但从提高土地利用率及水土保持的角度出发，不建议采用此种管理方法。

(3) 栗园生草

根据栗园土壤条件和树龄大小选择适合的生草方式。栗园人工生草，可以混合播种2种或多种草。通常选择豆科的白三叶草（根瘤菌有固氮能力，能培肥地力）与禾本科的早熟禾草（适应性强）混种，可发挥双方的优势，比单种一种草效果佳。也可利用栗园自然杂草，生长季节任杂草生长，人工铲除或控制不符合生草条件的杂草，如灰菜、千里光、白蒿、白茅等高大草。加强生草管理，有条件的栗园要灌水，追施氮肥，特别是在生长季前期。生草覆盖地面以后，根据生长情况，及时刈割，一般草长到30厘米以上刈割。一个生长季割2~4次，草生长快的刈割次数多，反之则少。秋季长起来的草不再割，到冬季留茬覆盖。一般情况下，栗园生草5年后，草逐渐老化，要及时翻压，1~2年后再重新播草。

(4) 栗园覆盖

覆盖前视果园土壤状况而定，严重板结园应刨树盘20厘米左右的深度，然后再覆盖。覆盖在春季施肥、灌水后进行，利用麦秸、麦糠、玉米秸等覆盖于树冠下，厚15~20厘米，上面压少量土，麦收后可加覆1次秸秆补充盖量。土壤瘠薄的果园，要施足底肥或压绿肥后灌水再覆盖。需要补肥时，可扒开盖被开沟施入，然后盖好。幼龄栗园可全树盘覆盖，成年栗园可全园覆盖。

(5) 栗园间作

板栗树幼龄期，在栽植行间间作花生、薯类等矮型作物。避免间作高秆作物、叶菜类蔬菜及吸收肥力强的林果苗木。

56. 在板栗园内，为什么要进行间作？

板栗园间作具有培肥地力、减小地表径流、提高土地利用率、增加幼龄栗园前期产值的功能。板栗树幼龄期，地面覆盖率低，间作可充分、合理的利用光能和空间。间作生育期短，需肥水少的作物，有利于提高土壤肥力和理化性质的改善。

57. 山地丘陵栗园，为何要进行土壤覆盖？

山地丘陵栗园具有土层薄、土壤贫瘠、干旱、水土易流失等特点。土壤覆盖可蓄水保墒，调节地温，有利于根系活动，灭草免耕，提高肥力，减轻病虫害，提高果品产量。

58. 板栗园施肥有哪些作用？

首先，土壤中的养分含量是板栗生长发育的基础。板栗根系从土壤中吸收的水分和矿质营养，转运至地上部分，保障植株生命活动的正常运转。施肥可以补充土壤中缺乏的氮、磷、钾等营养元素，提高土壤的肥力，从而促进板栗的生长。

其次，施肥可以调整土壤的pH值，改善土壤的酸碱性。板栗喜酸性土壤，栗园施肥，尤其是基肥，有利于降低土壤pH值，促进板栗根系对铁、锰等矿质营养的吸收。

再次，土壤的结构是土壤肥力的重要因素之一，好的土壤结构可以增加土壤的孔隙度，提高土壤的保水性和通气性。施肥可以改善土壤的结构，增加有机质和养分的含量，使土壤更加肥沃，为板栗的生长提供良好的生长环境。

最后，适量的施肥可以提供足够的养分，促进板栗的生长和营养吸收，从而增加产量，提高品质。

59. 板栗园为什么要施氮、磷、钾肥？

氮、磷、钾是板栗生长发育的必需元素。氮在板栗生命活动过程中占据首要地位。氮是板栗体内许多重要化合物的成分，也是参与物质代谢和能量代谢的组分。土壤中氮素不足时，板栗较老的叶子首先退绿变黄，严重时脱落，植株矮小，产量低下。磷在板栗体内的作用也极为重要。缺磷时代谢过程受阻，植株瘦小，茎叶由暗绿色渐变为紫红色，分枝或分蘖减少，延迟成熟，果实与种子小且不饱满。而钾则是板栗体内含量最高的金属元素，主要集中在生长最活跃的部位，如生长点、形成层、幼叶等。钾可调节水分代谢、参与能量代谢和物质运输，同时钾也是酶的激活剂。供钾不足时，板栗植株最初生长速度缓慢，后续老叶缺绿，叶尖与叶缘先枯黄，植株抗逆性降低，易倒伏。严重缺钾时，蛋白质代谢失调，导致有毒胺类物质生产。板栗对氮、磷、钾的需要量大。板栗多分布于山地丘陵地带，栗园土壤瘠薄。适量补充氮、磷、钾肥有利于提高板栗产量和品质。

60. 板栗树体氮含量的季节性变化动态怎样？

板栗叶片氮含量的季节性变化波动较大。展叶期，幼嫩叶片中氮含量可高达2.5%，随后逐渐降低，至幼果期略有增加，之后持续降低。而板栗对氮的吸收量大，且持续时间长，从芽萌动开始至果实采收前都在持续吸收，其中以果实迅速膨大期的吸收量最多，采收后才逐渐减少。

61. 板栗树体磷含量的季节性变化动态怎样？

板栗叶中磷的含量在生长初期较低，在果实开始生长时含量较高，之后随叶龄的增加而下降。板栗树体磷含量动态变化与板栗对磷的吸收规律密切相关。与氮、钾相比，板栗对磷的吸收时期短，量较少。板栗对磷的吸收量在开花前极少，主要集中在开花后至9月下旬果实成熟前。10月之后，板栗对磷的吸收基本停止。

62. 板栗树体钾含量的季节性变化动态怎样？

板栗叶片中钾的含量变化动态与氮相似，花前含量较高约为0.52%，之后随叶龄的增加而下降，到果实开始生长时稍上升，然后再下降，在果实成熟时降到较低水平（0.41%）。板栗对钾的需求，开花前为少量，开花后逐渐增加，果实肥大期需求最多，采收后又急剧减少。

63. 微量元素对板栗的作用有哪些？

微量元素是板栗生长发育的必需元素，需同时符合下列四条标准：完成板栗整个生长周期不可缺少；在板栗体内的功能不能被其他元素代替；直接参与板栗的代谢作用；板栗需要量极微小（小于 10 毫摩尔/千克，干重），稍多即发生毒害。板栗栽培生产中涉及的主要微量元素有铁、锰、硼、镍等元素，其具体作用如下。

铁是光合作用、生物固氮和呼吸作用中的细胞色素和非血红素铁蛋白的组成成分。铁在植株中不易移动。缺铁时，幼叶会出现叶脉间失绿黄化，但叶脉仍为绿色。缺铁过甚或过久时，叶脉也缺绿，全叶白化，板栗黄叶病就是植株缺铁所致。

锰是叶绿体的重要组分，是维持叶绿体结构的必需元素，同时锰还可激活多种酶类。缺锰时，板栗叶脉间缺绿，伴随小坏死点，根系不发达，开花结实少。缺绿会在嫩叶或老叶上出现，依植物种类和生长速率而定。

硼对植物生殖过程有影响，植株各器官中，花的含硼量最高。缺硼时，花药和花丝萎缩，绒毡层组织破坏，花粉发育不良。硼具有抑制有毒酚类化合物形成的作用，所以缺硼时，植株中酚类化合物（如咖啡酸、绿原酸）含量会过高，嫩芽和顶芽坏死，丧失顶端优势，分枝多。

镍是脲酶的金属成分，也是氢化酶的成分之一。缺镍情况较为少见。镍过多，叶片失绿，叶脉间出现褐色坏死。

64. 板栗园为什么要施硼肥？

硼在板栗内含量很低，并且分布不均匀，以花中含量最高，花中又以柱头和子房为最多。硼的功能是多方面的，其中硼促进花粉萌发与花粉管伸长的作用在板栗生殖过程中尤为突出。板栗树体缺硼时，嫩枝反应较敏感，先从顶端萎缩，而后干枯死亡；幼叶变厚、皱缩、质脆易破裂；空苞多，坚果个小、色浅、迟熟，总苞不易开裂；根系不发达，须根少。缺硼严重时，植株生长受阻矮化。据调查，土壤有效硼含量为 0.56~0.87 毫克/千克的栗园，结果正常，空苞率只有 3%~6.9%；有效硼含量为 0.2~0.4 毫克/千克的栗园，产量很低，空苞率高达 44%~81%。

65. 板栗园种植绿肥覆盖有哪些好处？

绿肥是用绿色植物体制成的肥料，是一种养分完全的生物肥源。绿肥养分丰富，可改良土壤，防止雨水对土壤直接冲刷造成的水土流失。各种绿肥的幼嫩茎叶，含有丰富的养分，一旦在土壤中腐解，能大量地增加土壤中的有机质和氮、磷、钾、钙、镁和各种微量元素。每吨绿肥鲜草，一般含氮素 6.3 千克、磷素 1.3 千克、钾素 5 千克，相当于尿素 13.7 千克、过磷酸钙 6 千克和硫酸钾 10 千克。此外，绿肥还具有来源广、数量大、投资少、成本低、质量高、肥效好、综合利用率高、效益大等优点。

66. 怎样掌握施肥时期与施肥量？

(1) 施肥时期

基肥以有机肥为主，在果实采收后到落叶前尽早施入，也可在春季萌芽前施入。10 月底施基肥和 8 月上旬追施有机肥可促进雌花的形成、结实率、单粒重及产量的提高，效果最为显著。追肥，以氮、磷、钾肥为主。追肥有以下几个关键时期：若一次追肥，可在 7 月下旬或 8 月上中旬果实膨大期进行；如管理精细，肥料较足，或行间作的栗园，可进行二次追肥，即在新梢迅速生长期施氮肥，果实膨大期施复合肥；高产或基肥不足的栗园，还应于萌动期补追 1 次氮肥。基肥（有机肥混入磷肥）应于采收后一次性全部施入。

(2) 施肥量

结果量大的成龄树应多施肥，幼树或徒长树应少施肥。板栗树每生产 1 千克果实，需施 5 千克左右有机肥，可与适量的磷钾肥混合施用。正常年份，板栗树每生产 100 千克果实，需要氮 3.2 千克、磷 0.76 千克、钾 1.28 千克。在目前的生产水平下，推荐施肥量为：5 年生以下的小树，株施 2.0~2.5 千克；5~10 年生树，株施 5.0 千克；10~20 年树，株施 10.0 千克；20 年生以上树，株施 15.0 千克。

67. 施肥有几种方法？

板栗施肥可分为根部施肥和根外追肥两种方式。根部施肥方法主要有放射状沟施、环状沟施、条状沟施和全园撒施等。在这些施肥方法中，放射状沟施、环状沟施和条状沟施具有施肥集中、有利于根系向深处生长的特点，常在幼树期间应用，而全面撒施具有肥料分布均匀、有利于根系吸收的优点，常用于盛果期的栗园，但因为施肥浅，易引起根系分布上移。因此，最好按照树体的生长、结果状况，把集中施肥和全面撒施的几种方法结合交替使用。根外追肥主要为叶面喷肥。在缺水区、缺水季节，不便施肥的山丘薄地、密植栗园、营养水平低的栗园以及间作栗园，采用根外追肥效果较好。

68. 板栗园为何要进行叶面喷肥？一年喷肥几次为宜？

叶面喷肥是根外施肥的主要方式。板栗园大多建于土壤瘠薄的山地，根部施肥不便。叶面喷肥操作简单，见效快，可有效提高光合作用，促进花芽分化，防止落果、提高坚果单粒重、减少空苞，延长秋季叶片的光合作用时间，以及促进植株代谢过程正常运行等。

板栗生长前期、花期和后期的叶面肥种类及喷施方式有差异。叶面喷肥掌握前期用氮肥、花期喷硼肥、后期施磷、钾肥的原则。花期每隔10天喷1次0.2%硼酸+0.3%尿素+0.2%磷酸二氢钾混合液，连喷2次，可以明显提高坐果率。果实生长期（6月下旬至8月下旬）可结合病虫害防治每隔20天喷0.3%尿素+0.2%磷酸二氢钾+代森锰锌800倍混合液，可以促进板栗枝叶和果实的生长发育。果实迅速膨大期喷0.3%尿素+0.3%磷酸二氢钾+0.1%硫酸锰，能促进干物质的合成和转化，增加单粒重，提高栗果品质。采果后喷施1次0.3%尿素或0.2%的钼酸铵，能够延缓叶片衰老，促进营养物质回流，有利于提高树体贮藏营养和促进雌花分化。

69. 在微碱性的板栗园怎样施肥？

板栗对土壤酸碱度敏感，适宜的土壤pH值为4.6~7.0，最适为5~6的微酸性土壤。当pH值超过7.5，含盐量超过0.2%时，将影响板栗对土壤中锰、铁等微量元素的吸收，可导致叶片黄花，花芽分化困难，结实率低，空蓬等问题。微碱性板栗园施肥应施以有机肥为主的酸性肥料，降低土壤pH值，防止土壤板结。此外还可通过叶面喷肥的方式，补充铁、硼、锰、铁、锌等微量元素。

70. 如何给栗树浇灌水？

栗树在一年中无论是生长期还是休眠期都不能缺水，尤其是从萌芽到果实成熟期间，即4—10月期间，需水量大。夏秋之间常有干旱发生，对板栗果实的膨大有很大影响，由于在此期间温度高，栗树蒸腾作用强,消耗水分多,所以板栗往往因干旱而减产,同时还会因干旱使枝梢生长较差,影响翌年的生长和结实。栗园灌水时间要根据干旱情况和土壤的含水量而定,灌水时间以 7—8 月最重要。

一般萌芽前后、果实迅速增长期、采收后、土壤解冻前各灌水一次,有利于花芽分化、果实品质提高和果树正常生长发育。栗园灌水方法主要有两种:①沟灌,在栗园行间顺树的行间挖深 20~25 厘米、宽 30~40 厘米的一条沟(可兼作排水沟),灌水时以灌满沟为准,如果是坡地可分段沟灌,待水渗透后即可;②穴灌,是在树冠投影外缘内挖长 50 厘米、宽 30 厘米、深 25 厘米的灌水穴 2~4 个,根据树冠大小调整穴的个数,挖好穴,灌满水,待水全部渗透后用树叶、稻草将穴进行覆盖,以便于下次浇水和保墒。

71. 山地栗园如何提高土壤保墒能力?

山地栗园水土易流失。可通过多种措施提高土壤保墒能力,方法如下。

整修树盘,建拦水坝。在山区,整修树盘,使树盘里低外高,以便拦截雨水,充分利用有效降雨。建拦水坝,根据行间走向及等高线修建外高里低的拦水坝,减少地表径流,使得自然降雨全部渗入栗园,增加栗园土壤墒情。据测定,整修树盘,建拦水坝等,可增加蓄水量 2 倍,约相当于 350 毫米的降水量,在生长季节 40~60 厘米土层的土壤含水量全部处在最适合水量范围内,基本上能保证板栗正常生长发育对水分的需要。

生草及覆草。山地栗园可根据实际情况自然生草或人工种草,并经常刈割覆盖,可有效提高雨水下渗率,防止果园水土流失,增加土壤水分及有机质含量,促进板栗根系的生长发育;改善栗园小气候,保持板栗园的生态平衡,提高板栗品质。

地膜或地布覆盖结合滴灌。有条件的栗园可在有效降雨后覆盖地膜或地布，减少地表水分蒸腾，提高水分利用率。或者铺设滴灌管道后覆地膜或地布，进行膜下滴灌，可有效节水50%左右。

72. 山地丘陵栗园如何提高土壤水分利用效率？

　　水分利用效率是植物每消耗单位水量形成的产物量或生长量。水分利用效率可反映植物生产过程中的能量转化效率，是衡量作物产量与用水量关系的一种指标，也是评价水分亏缺下植物生长适宜度的综合指标之一。在山地丘陵栗园，可通过增墒保墒，降低植物蒸腾，提高光合效率，增加土壤水分生产效率。其主要方法有：选择耐旱、矮化品种进行密植栽培；整地蓄水，挖鱼鳞坑，减少水土流失；浅耕除草，切断土壤毛细孔，减少土壤水分蒸发；培肥地力，增加土壤有机质含量，提高土壤持水能力；用地布、秸秆等进行栗园覆盖，减少水分蒸发；整形修剪，合理控制树体蒸腾面积，提高光合效率。

病虫害防治篇

成功的代價

73. 如何识别和防治板栗胴枯病？

板栗胴枯病，也被称为干枯病或腐烂病，主要为害板栗树的主干和主枝，少数情况下也会为害枝梢。以下是识别和防治板栗胴枯病的方法。

（1）识别胴枯病

观察发病症状：发病初期，树皮上会出现红褐色病斑，组织变得松软并稍微隆起。有时病斑处会流出黄褐色汁液，内部组织呈现红褐色水渍状腐烂，并伴有浓烈的酒糟味。随着病情发展，病斑会失水干缩凹陷，并在树皮上产生黑色小粒点，即病菌的子座。干燥后，病部树皮纵裂，内部枯黄的组织会暴露出来。

检查发病规律：病菌以菌丝体及分生孢子器在病枝中越冬，春季温度回升后开始活动。此病主要通过风雨传播，远距离传播则主要通过苗木。

（2）防治胴枯病

及时清除栗园内的病株，集中烧毁，并刮治病斑。刮除病斑后，可以涂抹5波美度石硫合剂，或涂抹5%菌毒清水剂30~50倍液。

多雨天气是此病的高发期，因此要注意排水，防止园内积水。一要合理施肥，增强树势，提高树木的抗病免疫力；二要加强树体管理，保护嫁接口，防止病菌侵染；三要树干涂白，以防止日灼伤害。

根据板栗胴枯病的发病规律，抓住7—10月发病率高、症状明显的特点，及时喷洒药剂进行治疗。例如，在新梢生长季节，可使用腐殖酸进行防治。

板栗胴枯病的防治需要综合考虑多种方法，并根据实际情况灵活调整防治策略。需要注意的是，栗产区要连续多年且联防联治才会有较好的效果。

74. 如何识别和防治芽枯病？

(1) 识别芽枯病

芽枯病是一种主要影响植物新芽、幼叶、托叶和叶柄基部的病害，其症状包括植株叶片暗绿、无光泽，呈现青枯状，随后植株倒伏，幼叶和萼片形成褐色斑点，叶柄和果梗基部变成黑色或产生褐色病斑，并有白色蛛丝状霉菌出现。

(2) 防治芽枯病

在育苗前进行土壤消毒处理，选用不带病的脱毒苗，栽培时根据品种特性合理密植，加强通风透光，避免高温高湿的环境。

在病害发生初期，可使用如甲霜灵、多抗霉素等药剂进行喷雾防治。

芽枯病的防治同时，需要选择富含有机质和养分充足的土壤，避免使用含有大量有害物质和重金属的土壤，定期清理杂草、垃圾和污染物；避免使用含有有毒物质和重金属的肥料，补充微量元素肥料和微生物肥料；还要注意植物健康，避免过度采摘或过度修剪，防止植物生长不良或营养不良。

75. 如何识别和防治桑寄生？

(1) 识别桑寄生

桑寄生是一种寄生植物，其茎枝呈圆柱形，表面黄绿色、金黄色或黄棕色，具纵皱纹，节部膨大，具分枝或枝痕。质轻脆，易折断，断面不平坦，纤维性较强，有放射状纹理。叶对生，革质，几乎无柄，长圆状披针形或倒披针形，表面黄绿色、黄棕色或金黄色，有细皱纹，叶脉5条，中间3条明显。

（2）防治桑寄生

在秋后果实成熟前或冬天寄主植物落叶后，全面剪除桑寄生植株（从吸根侵入部位往下30厘米修剪），并烧毁。这样可以有效清除桑寄生，防止其进一步扩散。

使用硫酸铜等化学药剂进行防治。这些药剂对桑寄生有较好的防治效果，但使用时需注意按照说明进行，避免对环境和植物造成不良影响。

对于已受桑寄生寄生的栗树，可以采取手摘、修剪和刮皮等方法进行防治。对于病重的部位，应及时处理，防止病害扩散。

识别和防治桑寄生需要综合考虑多种方法，并根据实际情况灵活调整防治策略。同时，防治过程中应注意保护环境和植物，避免过度使用化学药剂。如情况严重或无法有效控制，建议寻求专业农业技术人员的帮助。

76. 如何识别和防治白粉病？

（1）识别白粉病

白粉病主要表现为板栗叶片正反面都出现白粉点，这些点会随病情发展扩大成圆形的白粉斑。在温暖高湿的环境下，这些病斑会连成一片，使得叶片表面看起来像是撒了面粉。后期，病斑上可能会产生黑点，叶片容易变得脆弱并影响其正常功能。板栗嫩芽受害导致后期无法正常展开，幼叶局部感病，则通常会扭曲变形。

白粉病通常在密度偏大、施氮肥过量的环境中发病较重。一般在3月底至4月初出现发病症状，随着气温的逐渐升高，病株率会迅速增加。在适宜的条件下，该病会导致大流行，尤其在7—9月是发病高峰期。

（2）防治白粉病

选择抗病品种，这是防治白粉病的基础；改善通风透光条件，保持植物间距，避免过于密集；平衡施肥，补充钙、硅肥，叶面补充钙和硅能有效提高植物的抗病能力。

加强培育管理，及时清除枯枝落叶和病虫枝，集中销毁。控制田间积水，浇水不宜过多。增施磷钾肥，少施氮肥，使植株生长健壮。

尽早防治，在白粉病易发时期及时采取防治措施，能有效控制病害的扩散；选择合适的药剂，如福美双、代森锰锌等硫制剂，以及三唑类杀菌剂中的苯醚甲环唑、腈菌唑等，对白粉病都有很好的防治效果。使用时要注意药剂对植物的安全性和对病害的抗药性，可以考虑混配使用以提高防治效果；均匀喷施，确保药液能充分覆盖到叶片的正反面和病部，提高防治效果。

防治白粉病应综合考虑多种方法，并结合实际情况灵活调整防治策略。同时，应确保操作规范，避免对环境和植物造成不良影响。

77. 如何识别和防治炭疽病？

（1）识别炭疽病

炭疽病也是一种常见的板栗病害，主要为害板栗的叶、花、枝、果实等部位。板栗炭疽病的症状因感染部位不同而有所差异，如叶片上可能出现坏死、溃疡、焦痂结痂等症状。

(2) 防治炭疽病

可选用溴菌·咪鲜胺喷雾防治。同时,采用科学的施肥配方和技术,施用腐熟的有机肥,增施磷钾肥,提高栗树本身的抗病性等也是重要的防治措施。在发病前和发病期间,可以喷施保护性药剂和杀菌剂进行防治。

78. 如何识别和防治栗仁斑点病?

栗仁斑点病,也被称为栗黑斑病,主要发生在贮运期,会在栗种仁上形成坏死斑点,导致栗种仁变质或腐烂,严重影响板栗的品质。以下是识别和防治栗仁斑点病的方法。

(1) 识别栗仁斑点病

栗仁斑点病主要表现为三种症状类型。

黑斑型:在栗仁表面产生大小不一、形状不规则的坏死斑点,颜色从黑褐色至灰黑色,甚至炭黑色。病斑深入栗种仁内部,切面呈灰白色、褐色、灰黑色、炭黑色等,部分病栗切面有灰白色至灰黑色的条纹状空隙。

褐斑型:在栗仁表面形成深浅不一的褐色坏死斑。

腐烂型:栗仁呈褐色或黑色,发生干腐或软腐。

(2) 防治栗仁斑点病

田间带菌是栗仁斑点病的主要病因。加强栽培管理,增强树势,提高树体抗病能力,及时刮除枝干上的病斑,剪除病枯枝,减少侵染病原。

适时采收。采收时,注意减少栗果机械损伤,有利于降低病害发生率。采收后,尽快转入低温贮藏,贮温控制在0~4℃,可以延缓病害的发展。保持贮藏期间相对湿度在90%以上。种子含水量越高，病斑扩展速率越慢，反之种子含水量越低，病斑扩展速率越快，因此在板栗贮藏期间在库内要及时喷雾补水。

化学防治栗仁斑点病要抓住关键时期：可在5月底至6月上旬、6月下旬至7月上旬喷施杀菌类药剂，全年2~3次，但一定要联防联治，才有效果。但使用时需注意按照说明进行，避免对环境和植物造成不良影响。

栗果贮存前可用7.5%盐水漂洗，捡除悬浮病果。

79. 如何识别和防治叶枯病？

（1）识别叶枯病

叶枯病由真菌侵染而致。感染后叶片上产生形状不规则黑褐色斑点，随后病斑迅速扩大为黄褐色、边缘不整齐病斑。每个叶片能产生多个病斑，病斑扩大使整个叶片上呈不规则的大面积焦枯状。后期多数病斑面积可扩展至整叶的50%左右，叶片脱落严重。

（2）防治叶枯病

冬季彻底清除病落叶，并集中烧毁，减少翌年的侵染来源。

叶枯病多在7—10月发生，发病期每隔10天喷1次药，连喷多次。常用药剂有波尔多液、硫菌灵、多菌灵、苯莱特、代森锌等，可交替使用。

80. 如何识别和防治红蜘蛛？

红蜘蛛，学名叶螨，又名棉红蜘蛛，俗称大蜘蛛、大龙、砂龙等，属蛛形纲蜱螨目叶螨科。它分布广泛，食性杂，可为害110多种植物。以下是一些识别和防治红蜘蛛的方法。

(1) 识别红蜘蛛

红蜘蛛的成螨微小，长 0.42~0.52 毫米，体色变化大，一般为红色，梨形，体背两侧各有一块黑长斑。卵圆球形，光滑，越冬卵红色，非越冬卵淡黄色。幼螨近圆形，有足 3 对，体色也因季节而异。

(2) 防治红蜘蛛

在越冬卵孵化前，刮树皮并集中烧毁，刮皮后再涂白树干（石灰水），可以杀死大部分越冬卵。根据红蜘蛛的生物学习性，早春进行翻地，清除地面杂草，保持越冬卵孵化期间田间没有杂草，使红蜘蛛因找不到食物而死亡。

在栗树发芽和红蜘蛛即将上树为害前（约 4 月下旬），应在树干中部位置使用粘虫胶带，可以阻止红蜘蛛向树上转移。

使用特定的药剂进行喷雾防治，如苯丁·哒螨灵、甲维盐等。但需要注意，药剂的使用应遵循相关规定，确保不对环境和人体造成危害。

此外，在防治过程中，还可以采取一些预防措施。例如，在高温干旱季节来临之前及时防治，因为红蜘蛛的暴发与高温、干燥的环境条件密切相关。在种植过程中，可以通过合理的浇水和喷雾来保持植物叶片的湿润，以预防红蜘蛛的发生。

红蜘蛛的防治需要采取综合措施，包括人工、农业、物理和化学防治等方法。

81. 如何识别和防治栗大蚜？

栗大蚜是一种常见的板栗树害虫。以下是识别和防治栗大蚜的方法。

(1) 识别栗大蚜

栗大蚜主要寄生在板栗树上，成虫和若虫以刺吸嫩叶、新梢及幼果汁液为生。受害叶片向背面卷曲、皱缩，影响光合作用，严重时引起枝叶枯萎，甚至整株死亡。因此，观察板栗树的叶片是否出现卷曲、皱缩等现象，以及是否有栗大蚜的成虫或若虫存在，是识别栗大蚜的关键。

(2) 防治栗大蚜

在初冬时节，树叶脱落，可以检查板栗园是否有栗大蚜及其卵聚集，若有，可以人工抹杀。同时，刮刷树干或以石灰水涂树干消灭越冬卵。在春季蚜虫发生量少时，及时剪掉被害新梢，可有效控制蔓延，适用于幼树园。

保护和利用天敌。栗大蚜的天敌有很多，如瓢虫、草蛉等，只要合理地加以保护，依靠天敌的作用，完全可以控制其为害。此外，还可以提倡使用生物农药等，在蚜虫高峰前选晴天均匀喷洒。

在越冬卵孵化后及为害期，及时喷洒药剂，如吡虫啉、啶虫脒、抗蚜威、菊酯类、毒死蜱等。选择药剂时应考虑对天敌无毒害作用，以减少对生态环境的破坏。

栗大蚜的防治需要采取多种手段综合施策，既要注重人工和农业防治，也要重视生物和药剂防治，以达到最佳的防治效果。同时，防治过程中要注意环保和安全，避免对环境和人体造成危害。

82. 如何识别和防治栗瘿蜂？

栗瘿蜂是一种为害栗树的重要害虫，主要以幼虫在栗芽内越冬，并随接穗的调运进行远距离传播。以下是关于如何识别和防治栗瘿蜂的详细解答。

(1) 识别栗瘿蜂

栗瘿蜂的成虫体长 2.5~3.0 毫米，体黑褐色，有光泽，触角丝状，有 14 节，每节有稀疏的细毛。胸部光滑，中胸背板侧缘稍有装饰，背表面中央附近有 2 个对称的拱形槽。腹部平滑，背面近椭圆形隆起，产卵器棕色，紧邻腹部末端的腹面中心。足黄棕色，有深棕色的末跗节和爪。

(2) 防治栗瘿蜂

加强栽培管理，增强树势，促进新梢生长。在春芽萌发前结合栽培修剪，清除长有瘿瘤的枝条，以减少虫口基数。

保护和利用天敌，特别是寄生蜂。早春大量采集寄生瘿瘤，装于纱笼内，挂在栗瘿蜂为害严重的栗园中。由于瘿瘤剪下后，栗瘿蜂成虫不能正常羽化，但寄生蜂仍能羽化，从而提高天敌寄生率。在寄生蜂成虫发生期，避免使用任何化学农药，以确保寄生蜂的存活和繁殖。

在栗瘿蜂出瘤活动盛期（在 6 月中旬至 7 月上旬），可以使用特定的化学药剂进行防治。喷灭幼脲、菊酯类杀虫剂等防治，此时效果最好，可有效防治成虫，减少产卵，控制第二年虫瘿发生量。但需要注意，化学防治应谨慎使用，避免对环境和人体造成不良影响。

此外，还可以采取一些物理防治措施，如剪除虫瘿和虫枝。在新虫瘿形成期，及时剪除虫瘿，消灭其中的幼虫。同时，剪除虫瘿周围的无效枝，尤其是树冠中部的无效枝，也能有效降低虫口密度。

识别和防治栗瘿蜂需要综合考虑多种方法，并根据实际情况灵活调整防治策略。在防治过程中，应优先考虑环保和安全性，尽量避免对环境和人体造成不良影响。

83. 如何识别和防治桃蛀螟？

桃蛀螟是一种重要的果树害虫，主要以幼虫蛀食果实，造成果实脱落或不能食用，对产量和品质影响极大。以下是关于如何识别和防治桃蛀螟的详细解答。

（1）识别桃蛀螟

桃蛀螟的成虫体长为 10~12 毫米，翅展 20~26 毫米，全体橙黄色，前翅、后翅、胸、腹背面都具黑斑。卵长约 0.6 毫米，椭圆形，初产为乳白色，后变红色。老龄幼虫长 18~25 毫米，头部深褐色，体色多变，各体节有明显的黑褐色毛瘤。蛹长约 14 毫米，黄褐色，腹部末端有卷曲臀刺 6 根。

受害果实上常有蛀孔，周围堆积有大量红褐色虫粪，果实不能食用。

（2）防治桃蛀螟

拾毁落果，提早摘除虫蛀果；清除玉米、向日葵等寄主植物的残体，并刮除果树翘皮，以减少害虫的越冬基数。

栗园间种诱集植物（如高粱、玉米、向日葵等），开花后引诱成虫产卵，然后集中消灭。同时，避免将板栗与桃、李、石榴等果树及玉米、向日葵、蓖麻等作物混栽，以减少害虫的传播。

可利用桃蛀螟的趋光性，通过悬挂杀虫灯进行诱杀；悬挂性诱剂诱捕器诱杀雄虫，减少交配机会；悬挂或间隔喷洒糖醋液诱杀成虫；人工饲养释放赤眼蜂可在成虫始见期 3~5 天后，采用人工或无人机大面积、连片释放赤眼蜂；可选生物农药包括苏云金杆菌、短稳杆菌、苜蓿银纹夜蛾核型多角体病毒、绿僵菌、白僵菌、乙基多杀菌素、藜芦根茎提取物、印楝素等。

防治桃蛀螟需要综合考虑多种方法，并根据实际情况灵活调整防治策略。在防治过程中，应优先考虑环保和安全性，尽量避免对环境和人体造成不良影响。

84. 如何识别和防治栗透翅蛾？

栗透翅蛾是一种为害栗树的害虫，主要为害枝干部分。以下是关于栗透翅蛾的识别和防治方法。

（1）识别栗透翅蛾

栗透翅蛾的成虫体长 7~10 毫米，翅展 13~17 毫米，形似胡蜂，翅透明，体黑色有光泽，翅膀黑色，呈卵圆形、黑褐色，表面有网状花纹。幼虫初孵体长约 0.9 毫米，体白色、半透明；老熟后体长 14 毫米，头部褐色，体乳白色。蛹长 5~8 毫米，呈黄褐色。被害处常呈黄褐色，原蛀道为黑褐色，新梢提早停止生长，叶片枯黄早落，部分大枝枯死。

（2）防治栗透翅蛾

加强果园管理，合理追肥，增强树势，避免主干伤口形成。冬季做好树干涂白和培土工作，及时剪除并烧毁树冠内的受害枝，以减少害虫的越冬基数。

结合冬季整形修剪，剪除虫害枝并集中烧毁，可以有效预防和减少翌年的虫害发生。在成虫羽化盛期，利用成虫静止或爬行的习性，进行人工捕杀。刮除老树皮，尤其是被害处，刮皮后及时涂抹煤油混合敌敌畏。

保护和利用天敌，如天敌羽化期不使用农药。可应用透翅蛾性信息素诱捕器诱捕成虫，防治效果较好。

可利用成虫的趋光性，悬挂杀虫灯诱杀；成虫产卵和幼虫孵化期往树干上喷药，常用药剂有马拉硫磷、杀螟硫磷等。

Bt 乳剂（苏云金杆菌）等生物杀虫剂对环境和非靶标生物影

响较小。

识别和防治栗透翅蛾需要综合考虑多种方法,并根据实际情况灵活调整防治策略。在防治过程中,应优先考虑环保和安全性,尽量避免对环境和人体造成不良影响。

85. 如何识别和防治栗皮夜蛾?

栗皮夜蛾是一种为害栗树的害虫,为了有效地识别和防治栗皮夜蛾,以下是一些关键的步骤和建议。

(1) 识别栗皮夜蛾

观察成虫特征:栗皮夜蛾的成虫体长通常为10~18毫米,翅展为15~26毫米。其体色为灰黑色,触角为丝状,前胸背面、侧面及后胸背面鳞片隆起。后翅淡灰褐色并带有光泽。

检查卵和幼虫:栗皮夜蛾的卵直径为0.6~0.8毫米,形状类似馒头,顶部有较大的圆形饼状突起。初产卵为白色,近孵化前呈灰白色。幼虫体长为12~16毫米,颜色为褐色或褐绿色。

留意受害症状:栗皮夜蛾主要为害栗树的叶片和果实,受害部位常出现咬食痕迹,严重时可能导致叶片枯黄、果实脱落。

(2) 防治栗皮夜蛾

加强栗园管理,及时清除园内枯枝落叶和杂草,以减少栗皮夜蛾的栖息和繁殖场所。同时,合理施肥和灌溉,增强树势,提高栗树的抗虫能力。

利用栗皮夜蛾的趋光性,设置黑光灯进行诱杀。此外,还可以人工摘除受害叶片和果实,集中销毁,以减少虫源。

保护和利用天敌,如天敌昆虫和鸟类等,它们对栗皮夜蛾具有较好的控制作用。同时,也可以尝试使用生物农药进行防治,如使用Bt乳剂(苏云金杆菌)等生物杀虫剂,对害虫进行控制,同时对环境和非靶标生物影响较小。此外，使用栗皮夜蛾的性信息素诱捕成虫；使用从植物中提取的杀虫物质，如印楝素等，都可对害虫进行控制。

在栗皮夜蛾发生严重时，可考虑使用化学农药进行防治。但使用时需注意选择合适的药剂、浓度和施药时间，并遵守农药使用安全规定，以免对环境和人体造成危害。

86. 如何识别和防治栗实象甲？

栗实象甲是一种为害栗树的重要害虫，识别和防治栗实象甲需要一定的专业知识和技巧。以下是一些关于如何识别和防治栗实象甲的建议。

（1）识别栗实象甲

栗实象甲的成虫为长圆形黑色甲虫，体长为7~9毫米，体宽为3.5~4.4毫米。头管长为体长的1.5倍，雌成虫头管长度是雄成虫的2倍。触角膝状，着生于头管上。两翅鞘有多条纵沟，全身密被黑色绒毛，前胸两侧具白色毛斑，腹部灰白色。幼虫乳白色，头部褐色，多横皱，无足，常呈弯曲镰刀状。卵为椭圆形，白色半透明，长约1毫米。

（2）防治栗实象甲

加强栗园管理，及时清除园内枯枝落叶和杂草，减少栗实象甲的栖息和繁殖场所。同时，合理施肥和灌溉，增强树势，提高栗树的抗虫能力。栗实成熟后立即采收，选用水泥晒场或硬场地堆放，让栗实内的幼虫向外爬去，并驱鸡（鸭）群啄食。

利用栗实象甲的趋光性，设置杀虫灯进行诱杀。同时，可以人工摘除受害果实，集中销毁，减少虫源。改善栗园生态环境，成虫出现以前，把栗果园杂草除净，翻松土层6~12厘米，将越冬幼虫翻出土层，以便高温杀死或鸟类取食。

保护和利用天敌，如天敌昆虫和鸟类等对栗实象甲具有较好的控制作用。

在成虫发生期，选用合适的化学药剂进行喷雾防治。但需注意，药剂的选择和使用应遵守相关规定。

防治栗实象甲需要综合考虑多种方法，并根据实际情况灵活调整防治策略。同时，防治过程中应确保操作规范，避免对环境和人体造成不良影响。

87. 如何识别和防治木橑尺蠖？

(1) 识别木橑尺蠖

木橑尺蠖成虫体长通常在18～22毫米，翅展约52毫米，前翅、后翅白色，上有许多斑纹。前翅中央和后翅中央各有一浅灰色斑，外缘都有一断续波纹状黄棕色斑纹。雄蛾触角为短羽毛状，雌蛾为丝状。卵为绿色，扁圆形，排列密集成块状，上有一层黄棕色茸毛。幼虫体长约70毫米，体色随所食植物的颜色有变化。蛹长约30毫米，初为翠绿色，后变为黑褐色。

(2) 防治木橑尺蠖

加强栗园管理，科学肥水，铲除栗园杂草，及时疏枝增强树势。根据幼虫群集习性，可于清晨人工捕捉，或在成虫羽化前结合翻树盘在树干周围挖蛹，减少虫源数。

利用成虫趋光性，点灯诱杀成虫，虽然诱集到的大多是雄蛾，但因雌雄比例基本对等，且雌雄蛾均只有一次交配的习性，诱杀大量雄蛾后同样可以起到防治作用。

在幼虫孵化盛期，喷洒合适的化学药剂，如杀螟硫磷等。请注意，药剂的选择和使用应遵循相关规定。

保护和利用天敌，以及放养鸡、鸭等家禽除虫。

防治木橑尺蠖需要综合考虑多种方法，并根据实际情况灵活调整防治策略。同时，应优先考虑环保和安全性，避免对环境和人体造成不良影响。

88. 如何识别和防治云斑天牛？

云斑天牛是一种重要的害虫，主要为害栗、杨、柳、核桃、桑、榆、悬铃木、苹果和梨等林木。识别和防治云斑天牛，可以参考以下建议。

（1）识别云斑天牛

云斑天牛成虫体长为34~61毫米，宽9~15毫米，体色为黑褐色或灰褐色，密被灰褐色和灰白色绒毛。其前胸背板中央有一对肾形白色或橘黄色斑，鞘翅上有不规则的白色或浅黄色绒毛组成的云片状斑纹。幼虫体长为70~80毫米，淡黄白色，体肥胖多皱襞。

（2）防治云斑天牛

利用成虫有趋光性、不喜飞翔、行动慢、受惊后发出声音的特点，于成虫发生盛期，傍晚持灯诱杀，或早晨人工捕捉；检查成虫产卵刻槽，寻找卵粒，用刀挖或用锤子等物砸除。冬季或产卵前，用石灰、硫黄、食盐和水混合后，涂刷树干基部，以防成虫产卵，也可杀灭幼虫。使用1.2%苦·烟乳油，从虫孔注入或涂抹在幼虫危害的部位，对成虫和幼虫都有很好的防治效果。

还可利用天敌昆虫（如花绒寄甲等）进行生物防治，选择在云斑天牛3龄以下的幼虫期和蛹期释放天敌昆虫。使用生物源性农药，如印楝素，这是一种广谱、高效、低毒、易降解、无残留的杀虫剂，可在4月底用0.3%印楝素原药乳油进行喷雾防治。白僵菌侵染防治：白僵菌是一种昆虫病原真菌，能长期、有效地控制云斑天牛虫口密度，同时不伤害天敌昆虫，可在 4 月下旬每亩使用 400 亿孢子/克可湿性粉剂的球孢白僵菌 100 克进行喷撒。必要时可用化学药剂防治，如噻虫啉、氯氰菊酯、吡虫啉等。

防治云斑天牛时应遵循环保原则，尽量选择对环境和人体无害的防治方法。同时，具体的防治策略应根据实际情况灵活调整，确保防治效果最佳。

89. 如何识别和防治栗吉丁虫？

栗吉丁虫是一种重要的害虫，主要为害栗树。为了有效地识别和防治栗吉丁虫，以下是一些关键的建议。

(1) 识别栗吉丁虫

栗吉丁虫的成虫体长 5~6.5 毫米，全身黑色并有青铜光泽。其头部较小，触角有 11 节，呈锯齿状。前胸背板宽大于长，背面中央有纵沟。鞘翅背面略扁平，翅上有银白色斑纹。卵为扁椭圆形，初为乳白色，孵化前变为暗褐色。幼虫体长 10~12 毫米，细长呈圆筒形，乳白色至淡黄色，可透见消化道为暗黄褐色。蛹长 6.5~7.5 毫米，初为乳白色，渐变黄褐色。

(2) 防治栗吉丁虫

加强栗园管理，合理施肥和灌溉，保持树势健壮。及时清除被害枝条，并集中烧毁，以减少虫源。

利用成虫假死性，在成虫发生期于早晨振动树干，捕杀落地成虫。同时，可以定期检查树皮，发现翘起或有虫粪的地方，立即清除虫粪并捕捉幼虫。

保护和利用天敌，如天敌昆虫花绒寄甲，它们对栗吉丁虫有较好的控制作用。

在成虫羽化前或产卵期，使用合适的化学药剂进行树干、枝条喷雾防治。药剂的选择和使用应遵循相关规定，确保不对环境和人体造成危害。

识别和防治栗吉丁虫需要综合考虑多种方法，并根据实际情况灵活调整防治策略。同时，应优先考虑环保和安全性，避免对环境和人体造成不良影响。如果防治效果不佳或情况严重，建议咨询专业的农业技术人员或当地农业部门，获取更具体的防治建议。

90. 如何识别和防治大臭蝽？

(1) 识别大臭蝽

大臭蝽属半翅目蝽科，可以通过其独特的形态特征进行识别。它的前胸背板红褐色，前侧缘呈锯齿状；小盾片红褐色，在两基角处各有1个具金属光泽的肾形黑斑；腹部灰紫色，侧接缘不外露，下腹红褐色；足棕褐色，腿节端部背面黑色，胫节背面有纵列小黑点。

(2) 防治大臭蝽

在早晨或傍晚露水未干时，可根据大臭蝽的活动规律进行人工捕杀。同时，可以在成虫产卵期间深入果园检查，及时摘除卵块。

保护和利用大臭蝽的天敌，如黄猄蚁、寄生蜂、螳螂和蜘蛛等，以控制其数量。

在大臭蝽大量发生的情况下，可以使用杀虫剂（如高效氯氟氰菊酯）来控制。但使用时必须严格按照剂量和使用要求，并注意环境和人身安全。

请注意，防治大臭蝽应综合考虑多种方法，并根据实际情况灵活调整防治策略。如果情况严重或无法有效控制，建议寻求专业农业技术人员的帮助。

91. 如何识别和防治栗链蚧？

(1) 识别栗链蚧

栗链蚧雌雄异型，具有以下明显的特征。

雌虫：介壳略呈圆形，直径约 1 毫米，黄绿色或黄褐色，背面突起，有 3 条纵脊和不明显的横带。体缘有粉红色刷状蜡丝，蜡丝成对长出，直立或稍弯曲，末端钝圆。

雄虫：介壳长椭圆形，淡黄色，背面突起，有一条较明显的纵脊，边缘蜡丝淡黄色。

另外，栗链蚧的卵为椭圆形，长 0.2~0.3 毫米，初期为乳白色，孵化前变为暗红色。若虫阶段也有其特定的形态，如触角丝状、足 3 对、有口器等。

(2) 防治栗链蚧

对引入的苗木或接穗进行严格检疫，一旦发现栗链蚧，立即进行药剂处理。具体方法是将有问题的苗木或接穗浸入皂液（如洗衣粉 0.5 千克掺水 25 千克）30 分钟左右。

通过伐除受害严重的栗树、适当施肥等措施，增强树势和抗虫能力。

在栗链蚧的关键生长阶段，如产卵期和若虫孵化初期，使用合适的药剂（如吡虫啉等）进行防治。药剂可以涂干或打孔注射，也可以喷洒在受害的枝条和叶片上。但务必注意药剂的使用方法和浓度，避免对环境和人体造成危害。

此外，还应结合栗链蚧的生活习性，如成虫和若虫群集附着在树干、枝条、枝梢和叶片上刺吸汁液的特点，及时防治。

识别和防治栗链蚧需要综合运用多种方法，并结合实际情况灵活调整防治策略。在防治过程中，应确保操作规范，避免对环境和人体造成不良影响。

整形修剪种植篇

92. 板栗树整形修剪的目的和作用是什么？

栗树整形修剪可以培养牢固的骨架。通过整形修剪，使主枝开张角度合理，分布均匀，主次分明，层次清楚，形成牢固的骨架，能够承受丰产年结实的重量和大风造成的自然灾害。

栗树整形修剪有利于调整生长与结果之间的关系。根据每株栗树生长势的强弱和土壤肥水条件，进行适当的疏枝或短截，使栗树的营养枝、结果枝与雄花枝均衡发展，防止栗树生长势过强或过弱，确保每年能抽生出较粗壮的新梢和形成数量适当的结果母枝，保持栗树的高产稳产。

栗树整形修剪可以改善树冠结构。通过修剪，可以去除竞争性枝条，促进侧枝分枝，控制枝条长度，使树冠整齐一致，有利于合理密植和提高单位面积产量。同时，合理的修剪还可以改善树冠内的通风和光照条件，促进果实的发育和成熟。

栗树整形修剪可以改善大小年现象。修剪可以调节结果枝和发育枝的比例，平衡生长和结果的关系，从而消灭或减轻大小年现象，使板栗树能够连年丰产。

93. 板栗树整形修剪的原则和依据是什么？

(1) 修剪原则

板栗树整形修剪时要全面考虑，树势要均衡，主次要分明。修剪时要根据树体各个发育阶段的特点，采取生长和结果兼顾、主次分明、眼前和长远影响全面考虑的修剪原则。

修剪时要因树修剪，随枝做形。根据每株树的不同生长情况，整成与标准树形相似的树体结构，而不能千篇一律按同一模式要求。

（2）修剪依据

修剪要因"势"利导。在各个树龄阶段，树势要求不同。幼树期要求树势强旺，尽快培育成良好健壮的树体结构；进入盛果期时，要求树势适中，延长结果年限，使生殖生长和营养生长协调平衡；衰老期则要恢复树势。

修剪因板栗树势和树龄而异。土壤和气候条件：土壤肥沃、水肥条件好的栗园，栗树往往易旺长，整形修剪时可采用大冠形，主干要高一些，主枝数目适当减少，层间适当加大，修剪要轻；土壤条件不很好的栗园，宜采用小冠形，主干可矮一些，主枝数目相对多一些，层次要少，层间距要小，修剪稍重，多短截，少疏枝。有风害的地方易选用小冠形，降低主干高度，留枝量应适当减少。

板栗树整形修剪的原则和依据是确保修剪工作既符合板栗树的生长规律，又能满足栽培管理的需要，从而达到提高产量和品质的目的。在实际操作中，还应结合具体树体的生长状况和环境条件进行灵活调整。

94. 如何掌握整形修剪时期和方法？

板栗树的整形修剪是一个重要的栽培管理措施，掌握好修剪的时期和方法对于提高板栗的产量和品质至关重要。

修剪时期方面，板栗树一年四季都可以进行修剪，但不同时期的修剪目的和方法有所不同。

（1）修剪时期

春季修剪：北方产区通常在3—4月进行。这个时期的板栗树已经脱离了冬季休眠期，开始新一年的生长。春季修剪可以帮助板栗树更好地分配养分，刺激新枝的生长，促进花芽的形成，提高果实质量。在修剪时，应当注意避免在板栗树萌芽前进行，避免芽受到冻害。

夏季修剪：夏季修剪一般在6—8月进行，通常以摘心处理为主，目的是促进枝条充实和产生分枝，有利于第二年结果。

秋季修剪：通常在10—11月（入冬前）进行。此时修剪主要是去除病、虫、枯、死木，以整理树形为目的。

冬季修剪：这是板栗修剪的重要时期，修剪时间为立冬（11月上旬）落叶后至惊蛰（3月上旬）为宜。修剪的目的是培养合理的树形，疏除内膛过密枝、细弱枝，调整留枝量，使留下的枝在树上分布均匀，以改善通风透光的条件。

（2）修剪方法

修剪方法上，主要包括长枝修剪、中枝修剪、老枝修剪和短枝修剪。长枝修剪主要是规范树形和培养主干；中枝修剪控制分枝数量和均衡营养；老枝修剪促进生长和更新；短枝修剪则促进花芽分化和果实发育。具体操作时，可以根据枝条的类型和生长状况，选择适当的修剪方式，如疏剪、回缩等。

整形修剪时，应根据板栗树的品种、生长环境、树龄和树势等因素进行综合考虑，灵活应用各种修剪方法，以达到最佳的修剪效果。同时，修剪工具应保持锋利，操作时要小心谨慎，避免对树体造成不必要的伤害。修剪后，还应及时清理修剪下来的枝条和落叶，保持果园的清洁和卫生。

95. 板栗幼树如何进行修剪？

板栗幼树的修剪是确保其健康生长和形成良好树形的重要措施。以下是板栗幼树修剪的主要方法和注意事项。

（1）定干

在幼树期，第一年定干是一个关键步骤。通常在栽植后经优种嫁接的单株上进行，定干高度为60~80厘米。如果采用嫁接方式，可以在嫁接后的当年于苗高80厘米处摘心定干。

(2) 选留主枝

第二年，选择直立枝作为中心主枝，并在饱满芽处进行中截或轻截，留长30厘米。同时，选留1~2个分布合理的第一层主枝，同样在饱满芽处中截。对于其他枝条，应根据其生长势进行疏剪或短截。

(3) 培育侧枝

第三年，于芽萌动前短截中心干，留长30~40厘米。同时，在各主枝上距主干70厘米处选留第一侧枝。对于其他枝条，应根据其生长情况进行疏、放、截或拉弯处理。

(4) 整形修剪

第四年和第五年，继续按照树形要求选留主枝和侧枝，直到完成整形任务。对于角度小或方位不正的枝条，可以采用拉枝的方法进行调整。

(5) 控制结果枝数量

板栗幼树生长旺盛，果枝生长量大，因此结果母枝的数量应比成龄树多留20%~40%。为了削弱顶端优势，分散枝势，最顶端的一个最强的结果母枝一般应疏除或短截。

(6) 修剪强度

对于板栗幼树的修剪，应掌握"冬眠期修剪为辅，宜轻不宜重，少疏不截"的原则。在冬剪时，主要去除主干40~50厘米以下的侧枝，并疏去过密枝、纤细枝、重叠枝和交叉枝。

需要注意的是，修剪时应根据板栗幼树的生长情况、树形要求以及环境条件进行综合考虑，灵活运用各种修剪方法。同时，修剪工具应保持锋利，操作时要小心谨慎，避免对树体造成不必要的伤害。修剪后，还应及时清理修剪下来的枝条和落叶，保持果园的清洁和卫生。

此外，板栗幼树的修剪还应结合肥水管理和病虫害防治等措施，为幼树的健康生长提供良好的生长环境和营养支持。通过科学合理的修剪和管理，可以培养出健壮的板栗幼树，为未来的高产稳产打下坚实基础。

96. 板栗树进入盛果期如何进行修剪？

板栗树进入盛果期后，修剪的主要目标是调整生长与结果的关系，保持树势健壮，控制结果部位外移，并防止大小年现象的发生。以下是一些关键的修剪措施。

（1）落头开心

为了改善内膛的光照条件，可以进行落头开心修剪。在操作时，尽量保留20~30厘米的直立树橛，根据空隙留1~3个枝条，培养成结果枝。

（2）疏除过多主枝

如果板栗树早期没有合理整形，导致主枝过多，那么应按照选留三大主枝的原则进行整形，多余的枝条应予以疏除。

（3）压低主枝

整形后留下的三大主枝不应过高，以防止树势衰弱。压缩主枝应逐年进行，以避免一次性疏除过多枝条导致减产。

（4）控制树冠

盛果期树冠体积已达预定大小，若不及时控制，行间和株间光照条件会变差，加速树枝衰亡。因此，应严格控制树冠体积和面积。

(5) 看码修剪

根据板栗树的长势、树龄、品种、立地条件和管理水平等因素，确定结果母枝的去留数量。一般来说，每平方米树冠投影面积留 8~12 个结果母枝为宜。

(6) 利用内膛徒长枝

盛果期后，结果部位可能不断外移，内膛空间扩大。这时，可以利用内膛枝潜伏芽萌生的徒长枝培养成结果母枝。

需要注意的是，修剪时要综合考虑板栗树的生长状况、环境条件以及管理目标，灵活运用各种修剪方法，以达到最佳的修剪效果。同时，修剪工具应保持锋利，操作时要小心谨慎，避免对树体造成不必要的伤害。修剪后，还应及时清理修剪下来的枝条和落叶，保持果园的清洁和卫生。

另外，除了修剪，盛果期板栗树的管理还包括施肥、浇水、病虫害防治等方面的工作。通过综合管理措施的实施，可以确保板栗树在盛果期高产稳产，提高经济效益。

97. 板栗大树如何进行修剪？

板栗大树的修剪主要着眼于调整树体结构、更新结果枝组、维持树势平衡和提高产量。以下是一些关键的修剪措施。

(1) 枝条修剪

控制树高。根据树龄和树冠形态，适当控制树高，以便于采摘和管理。

去除病虫害和死枝。定期检查树冠，发现病虫害和死枝要及时去除，以防止病害扩散和影响健康枝条的生长。

疏除拥挤枝条。树冠内部的拥挤枝条会影响光照和通风，应适当疏除，保持树冠的开敞度。

去除竞争性枝条：板栗树的枝条生长较为旺盛，容易出现竞争性枝条，应及时去除，以保证养分和水分的供应。

促进侧枝分枝：适当修剪主干枝条，可以促进侧枝的分枝，增加果实的产量。

控制枝条长度：根据树冠形态和树龄，控制枝条的长度，以保持树冠的均衡和稳定。

更新结果枝组：对于结果枝组衰弱、结果部位外移的枝条，应进行更新修剪，培养新的结果枝组。

（2）根系修剪

去除病虫害和病根。定期检查根系，发现病虫害和病根要及时去除，以保持根系的健康。

修剪过密根系。板栗树的根系容易过密，应适当修剪，以增加根系的通气和排水能力。

通过科学的修剪和管理措施，可以保持板栗大树的树势平衡，提高产量和品质，延长结果年限。但要注意，板栗修剪最好在树休眠期间进行，这样有利于树体的恢复和伤口的愈合；修剪要使用锋利的修剪工具，避免在修剪过程中对树体造成不必要的伤害；根据板栗树的生长势和树体结构，合理控制修剪强度，避免过度修剪导致树势衰弱。

98. 如何修剪板栗衰老树？

板栗衰老树修剪的关键在于更新树势，恢复其结实能力，延长其经济寿命。

大量出现自封顶枝是栗树衰老的明显标志。一旦发现树势极度衰弱或已经绝产，应立即采取行动。

(1) 大更新

对于树势极度衰弱的树，进行大更新修剪，即全树大枝回缩1/2左右。这样可以刺激隐芽萌发，形成新的树冠，从而恢复结实能力。

(2) 小更新

对于树势衰弱但程度较轻的树，进行小更新回缩修剪，一般回缩至大枝长度的2/3处。这种修剪方法有助于恢复树势，提高产量。

更新修剪后的2~3年内，应参照嫁接幼树的修剪方法进行管理。此时，修剪应以轻剪为主，少疏不截，以促进新枝的生长和树冠的形成。

在修剪过程中，要注意选留和培养结果枝组。对于留下的枝条，应根据其生长势和位置进行适当调整，以确保光照和通风条件良好。

衰老树的恢复需要充足的营养支持。因此，在修剪的同时，还应加强肥水管理，为树体提供必要的养分和水分。

需要注意的是，板栗衰老树修剪时应根据具体情况灵活调整修剪措施。如果树体存在严重的病虫害或其他问题，应在修剪前进行相应的治疗和处理。此外，修剪工具应保持锋利和清洁，避免对树体造成不必要的伤害。

99. 什么样的条件适合板栗林下种植？

板栗林下种植需要满足一定的条件，以确保植物的生长和产量。以下是一些关键条件。

(1) 土壤条件

栗树对土壤的适应性较强，但为了保证林下种植植物的生长，土壤应具备良好的排水性和透气性。同时，土壤 pH 值应在适宜范围内，通常微酸性土壤（pH 值 5.5~7.0）较为理想。如果土壤过于贫瘠，需要添加有机肥料改善土壤条件。

(2) 光照条件

栗树会形成一定的树荫，因此，林下种植的植物应具有一定的耐阴性。

(3) 水分条件

栗林下种植的植物应适应较为湿润的生长环境。在干旱季节，可能需要通过灌溉来保持土壤湿润。然而，也要注意避免土壤积水，以免造成植物根系腐烂。

(4) 空间条件

在选择林下种植的植物时，应考虑其生长空间和根系分布。避免选择生长过于旺盛或根系过于发达的植物，以免与栗树争夺空间和养分。

(5) 病虫害管理

林下种植的植物应具有一定的抗病虫害能力。在种植过程中，应定期检查植物的健康状况，及时发现并处理病虫害问题。

100. 适合板栗林下种植的作物种类有哪些？

板栗林下种植作物时，需要考虑栗树的生长特点以及林下环境的特性，选择那些耐阴、耐寒、对土壤营养要求较低的作物。以下是一些栗树下成功种植的作物种类。

(1) 农作物类

油菜：油菜是一种耐阴、耐寒的作物，适合在栗林下种植。它不仅可以在这样的环境下丰收，还有助于提高生态效益。

茄子：茄子具有耐阴和耐寒的特性，对土壤营养的要求也相对较低，是一种适合在栗林下种植的蔬菜。

洋葱：洋葱在栗树下生长迅速，不但能收获果实，还可以作为一种驱避病虫的植物，有益于栗园的病虫害防治，也能避免土地利用的浪费。

(2) 中药材

一些中药材品种也适合在栗树下种植，如柴胡、芍药、苍术、桔梗、万寿菊、连翘等，这些中药材均适合在栗林下生长。

(3) 食用菌

板栗林下也适合栽培食用菌，特别是栗蘑（灰树花）。利用栗林下的高湿度、低风速等环境条件，可以栽培出品质优良的栗蘑，而且其口味可与野生栗蘑相媲美。这种栽培方式不仅经济效益良好，还有利于优化土壤理化性状，培肥地力。

(4) 山野菜

一些山野菜品种，如生麻、山葱、野蓟、山菠菜等，均适合在栗林下种植。

需要注意的是，选择栗林下种植的作物种类，还需要根据当地的气候、土壤、水浇条件等实际情况来确定，以确保作物能够在栗林下健康生长并获得良好的产量。同时，合理的种植密度和管理措施也是保证作物生长的关键。

主要参考文献

冯玉增，张爱玲，魏岚，2019. 板栗病虫草害诊治生态图谱[M]. 北京：中国林业出版社.

胡文哲，2005. 板栗育苗及嫁接技术[J]. 河北林业（1）：29.

兰彦平，曹庆昌，2016. 板栗低产树改造及高效栽培技术[M]. 北京：中国农业科学技术出版社.

兰彦平，曹庆昌，周连第，等，2008. 燕山板栗大果型新品种：燕平的选育[J]. 果树学报，25（3）：444-445.

兰彦平，陈晶晶，黄荣凤，2014. 板栗年轮结构对北京地区气候因子的响应分析[J]. 林业科学，50（11）：23-29.

兰彦平，周连第，曹庆昌，等，2006. 板栗控量修剪技术研究[J]. 中国果树（4）：15-17.

兰彦平，周连第，兰卫宗，2011. 板栗新品种"怀丰"[J]. 园艺学报，38（4）：801-802.

林莉，苏淑钗，2004. 板栗矿质营养与施肥研究进展[J]. 北京农学院学报，19（1）：73-76.

刘兴松，张培培，李俊，2023. 果树栽培与绿色防控技术[M]. 北京：中国农业科学技术出版社.

马云攀，2003. 板栗育苗措施比较研究[J]. 陕西林业科技（4）：14-16.

聂书海，2020. 有机果园[M]. 石家庄：河北科学技术出版社.

唐时俊，李润唐，李昌珠，等，1992. 板栗丰产栽培技术[M]. 长沙：湖南科学技术出版社.

王东晨，荣艳菊，刘宝素，2022. 板栗省力化优质丰产栽培技术 [M]. 石家庄：河北科学技术出版社.

王广鹏，2021. 北方板栗全产业链绿色轻简标准化生产技术 [M]. 北京：中国农业出版社.

王天元，2020. 板栗、核桃病虫害快速鉴别与防治妙招 [M]. 北京：化学工业出版社.

王天元，安立春，2015. 板栗高效栽培 [M]. 北京：机械工业出版社.

王廷成，郭世保，樊中平，2022. 板栗病虫害可持续控制技术 [M]. 北京：中国农业科学技术出版社.

王同坤，汪民，2020. 中国板栗种质资源 [M]. 北京：中国林业出版社.

吴洪凯，王习，麻俊鹏，2020. 果树整形修剪与嫁接技术 [M]. 北京：中国农业科学技术出版社.

夏仁学，马梦亭，贺立元，1991. 板栗叶片矿质元素含量及年周期变化的研究 [J]. 湖北林业科学，20（2）：1-6.

谢鹏，郭素娟，吕文君，2014. 板栗'燕山早丰'不同类型枝条在花期和幼果期的矿质元素含量比较 [J]. 东北农业大学学报，45（4）：41-45.

徐秀华，2007. 土壤肥料 [M]. 北京：中国农业大学出版社.

张立军，梁宗锁，2007. 植物生理学 [M]. 北京：科学出版社.

张宇和，柳鎏，2005. 中国果树志：板栗·榛子卷 [M]. 北京：中国林业出版社.

赵进春，郝红梅，胡成志，2012. 北方果树苗木繁育技术 [M]. 北京：化学工业出版社.

郑瑞杰，尤文忠，隋国民，2021. 板栗绿色高效栽培技术 [M]. 沈阳：东北大学出版社.

朱莉，杨林，兰彦平，2015. 典型沟域产业融合技术 [M]. 北京：中国农业科学技术出版社.